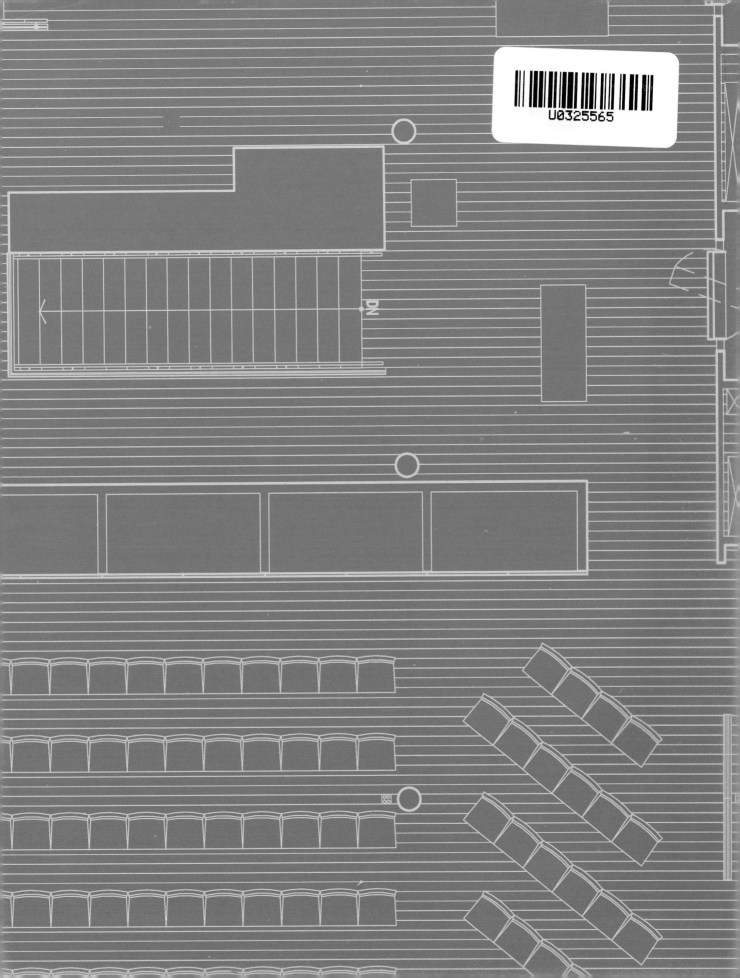

DN

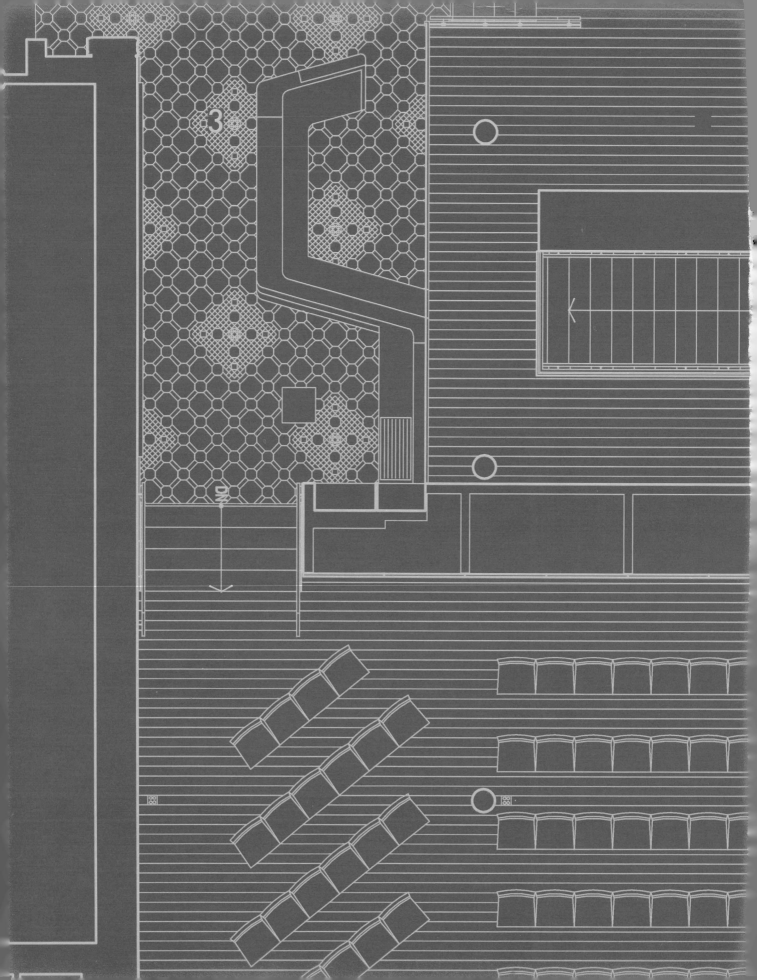

我们造就的这座城市

纽约的城市设计与建造

［美］迈克尔 R. 布隆伯格（Michael R. Bloomberg）
［英］戴维 J. 博尼（David J. Burney） 著

田云飞 译

机械工业出版社

CHINA MACHINE PRESS

本书细致介绍了由纽约市政府牵头，由纽约市设计与建造局负责主持，联合纽约市环保局、交通局、楼宇局及公园与娱乐局等市政部门共同推进的纽约城市规划项目，该项目旨在改善纽约城市面貌，为2030年纽约的城市生活面貌和居民生活质量建立标准，使纽约成为更加可持续化发展的城市。本书详细列举了纽约五个区域内的城市道路、公共空间、排水系统等硬基础设施以及文化娱乐教育等软基础设施建设的具体情况。

本书适合城市规划专业、建筑设计专业以及设计管理专业的学生和相关从业人员使用，也适合对以上领域感兴趣的读者阅读。

图书在版编目（CIP）数据

我们造就的这座城市：纽约的城市设计与建造/（美）迈克尔·R.布隆伯格（Michael R.Bloomberg），（英）戴维·J.博尼（David J. Burney）著；田云飞译.—北京：机械工业出版社，2017.12

ISBN 978-7-111-58507-7

Ⅰ. ①我… Ⅱ. ①迈…②戴…③田… Ⅲ. ①纽约—城市规划—建筑设计 Ⅳ. ①TU984.712

中国版本图书馆CIP数据核字（2017）第283686号

机械工业出版社（北京市百万庄大街22号 邮政编码100037）
策划编辑：宋晓磊 责任编辑：宋晓磊 李宣敏
责任校对：刘雅娜 封面设计：鞠 杨
责任印制：常天培
北京联兴盛业印刷股份有限公司印刷
2018年1月第1版第1次印刷
210mm×260mm·30.75印张·2插页·645千字
标准书号：ISBN 978-7-111-58507-7
定价：159.00元

凡购本书，如有缺页、倒页、脱页，由本社发行部调换
电话服务 网络服务
服务咨询热线：010-88361066 机 工 官 网：www.cmpbook.com
读者购书热线：010-68326294 机 工 官 博：weibo.com/cmp1952
010-88379203 金 书 网：www.golden-book.com
封面无防伪标均为盗版 教育服务网：www.cmpedu.com

译者序

随着人口的不断增长，全球化背景下多元文化的聚集，以及环境气候的日益恶化，城市所面临的压力也与日俱增，如何应对这一挑战成为了全世界共同面对的课题。纽约作为美国第一大城市，同时也是历史最悠久的城市之一，因为其在艺术、文化和贸易等领域的中心地位而一直是全世界的标杆，纽约的城市建设与设计实践因此也具有典型而普遍的模范意义。

在迈克尔·布隆伯格任纽约市市长期间，他发起了"设计与建造卓越计划"，该计划由纽约市设计与建造局主导，各行政部门之间相互合作，集结了大量优秀的建筑师、设计师团队以及私营企业的建筑、工程和建造部门，来为纽约市进行各类硬基础设施和软基础设施的建设与改造，以应对城市发展过程中所面临的各种问题，探索一条可持续的发展路径。本书就是该计划下城市建设项目的一个合辑，书中共介绍了107个项目，涉及街道景观、娱乐设施、文化设施、卫生与公共服务、公共安全以及城市基础设施建设等领域的具体建设情况。

纽约市"设计与建造卓越计划"针对城市建设的理念、路径和制度进行了创新，并取得了显著的效果。对于纽约的城市规划与建设来说，最基本的一个指导思想就是寻求城市与人和自然的和谐相处，使城市在适应环境变化、人口增长和应对自然灾害等方面具有良好的弹性。为了实现这样的理念，每一个项目在策略层面都将可持续设计原则作为贯穿始终的核心，以低能耗、可再生和环境友好作为建筑设计的目标。除了审美与技术，"设计与建造卓越计划"下的项目带入了许多文化上的考量，尽可能地在建筑中融入建筑物所在区域的民族传统，使建筑与其所处的环境相呼应，同时，在建筑师和设计师之外，还引入了艺术家，尤其是在世的美国艺术家的艺术作品，以此提高艺术的共享率，提升民众整体的艺术文化素养。

由于城市建设是系统工程，涉及诸多方面，因此必须进行顶层设计，在制度层面进行保障落实。为确保设计及施工的质量，"设计与建造卓越计划"采用了基于质量的评审方法、设计联络人制度、同行专家评估、施工能力评估以及设计度量等方法来对项目进行从招标到验收全过程的管理与监督。正是由于这一系列完整而又严谨的规范与保障制度，才使得该计划的实施始终以设计和建造的质量作为前提。

在本书中，你可以看到纽约市"设计与建造卓越计划"在提升城市的可持续性，为居民和游客营造一个更安全、更舒适、更积极的城市环境所作出的一切努力。你可以看到在公共集聚区域，如何通过增加和规范行人空间以及针对不同交通工具设置专用道路来创造安全自由的公共空间；可以看到为了鼓励居民积极融入公共的城市生活，设计师们是如何探索通过改进建筑环境，营造更舒适、更具安全性、美观性和趣味性的城市休闲娱乐空间来增强体育运动；可以看到对于旧建筑的改造和扩建，是如何在保护旧有历史细节和风貌的同时，将新的建造技术与功能合理而和谐融入进去；可以看到如何最大限度地利用被动式建筑节能技术来达到可持续的设计目标，如何通过建筑朝向的合理布局，遮阳的设置，建筑的保温隔热技术来充分利用自然光照、自然通风、太阳能以及风能；可以看到如何采用生物洼地、绿植等生物滞留系统来减少径流量并减轻径流污染，实现城市水文的良性循环；可以看到如何利用当地低排放材料和可再生回收材料来降低能源损耗以及对环境的伤害；可以看到对于城市地下管网系统的安装与维护，如何利用管道换衬法和非开挖无沟槽法的微隧道施工方式，来进行低影响的操作；更为重要的是，通过本书你还可以看到在决策和设计过程中引入社区居民和建筑使用者，让他们作为团队的一个部分参与设计的民主设计方法。

设计并不仅仅指建筑的外观，其含义延伸至建筑的细节，材料和施工体系的耐久性，建筑形态对于功能的支撑性，以及最难以把控同时也是最重要的一点，即如何通过使用和享受这些建筑所提供的服务，来增强人与建筑以及环境之间的互动，给生活和工作在这里的人们的日常生活带来勃勃生机。纽约的城市设计与建设实践为其他城市积累了经验，对于正处在城市扩张以及城镇化建设进程当中的我们来说，有着极其重要的参考价值和借鉴意义。希望我的工作能够成为一座桥梁，方便我们更好地学习和汲取纽约的城市建设经验。

译者

序 »»»»»»»»»»

亲爱的朋友们：

我们纽约市政府一直致力于维护纽约作为世界设计中心的形象，2004 年由纽约市设计与建造局启动的设计与建造卓越计划是我们在这方面迈出的重要一步。

在过去十年间，许多优秀的建筑师和设计师参与了城市建设项目，他们帮助我们建立了一套新的标准，告诉我们公共艺术和建筑是如何在增强城市中心视觉美感的同时也提升我们的生活质量。本书重点讲述了纽约许多重要的城市项目，让我们领略到一个安全的、有弹性的、持续成长中的 21 世纪全球化都市所能拥有的城市面貌。

面对气候变化与人口增长的挑战，我们正在重新规划我们的建成环境。我们尤其致力于使海滨社区变得更加能够抵抗气候变化所带来的影响。这也是我们之所以要加强建筑规范并拓展滨海湿地以帮助截留雨水的原因。在布朗克斯区，我们正在对这个城市里最古老的大桥进行修复，同时在为有需要的家庭建立可持续的服务中心。在斯塔滕岛，我们开放了一个新的警署，这个警署由世界一流的建筑师设计。我们在全市范围内建造步行广场来为数百万的城市居民和日常通勤者以及每年数百万来纽约这个聚集了世界上最好的艺术与文化的城市参观的游客们提供更多的公共空间。

纽约在吸引人才、投资和发展上的成功并非理所当然，这样的成功靠的是用专业的技术将大胆的想法付诸实践，我们期待设计与建造局及其合作者们带领我们去实现建造一个更强大、更可持续化的城市的梦想。

Michael R. Bloomberg

迈克尔 R. 布隆伯格　市长

前言

　　在纽约历史上最具创新性的阶段里，我很荣幸能够在市长迈克尔 R. 布隆伯格先生的手下工作。

　　布隆伯格市长于 2007 年四月的世界地球日那天启动了纽约城市规划项目。这个项目从一开始就将纽约定位为可持续规划领域的全球领先者。针对"我们希望我们的城市在 2030 年的时候是什么样子？"这个问题，纽约城市规划项目主动给出了答案。不断增长的人口，基础设施的老化，气候的变化以及瞬息万变的经济形势给纽约城市的兴旺和居民的生活质量带来了挑战。考虑到城市发展的关键依赖于其基础设施，而基础设施的建设与维护是决定一个城市是否宜居的重要因素，我们将城市基础设施分为硬基础设施（包括水、能源、垃圾废物和交通系统、建筑网络，公园和开放空间）和软基础设施（包括院校以及促进教育发展的各类项目，文化、娱乐、健康和安全）。

　　针对不断上升的海平面和持续的干旱以及快速增长的人口问题，交通和水电系统被应用于住房和服务当中——所有这些都需要密集而持久的资金投入，并且它们会影响大部分人的生活，因此我们不能仅仅依靠不稳定的自由市场的力量来解决这些问题。同样，如果我们想要保证居民的生活质量，我们的城市就必须在教育、文化和娱乐方面进行投入。

　　纽约市设计与建造局在纽约城市规划项目实施的过程中扮演了重要角色。纽约市设计与建造局同包括交通局、环境保护局、卫生局、公园与娱乐管理局在内的 20 多个不同的城市部门进行过合作，对现有的硬基础设施进行了修复、改造和扩建；与文化事务局、游民服务局、健康与心理卫生局以及纽约、布鲁克林和皇后区的三个公共图书馆系统合作提供了社会与文化资源；与警察局和消防部门合作提供了适用于大城市的公共安全设施。

　　幸运的是，纽约拥有相对可靠的硬基础设施，我们有庞大的道路和公共交通系统，包括地铁和公交网络。位于城市北部和西部的淡水水库（包括建造于 19 世纪中期的巴豆水库），为纽约提供了大量稳定的水资源供应，尽管这个供水系统目前正面临着土地开发和水库附近天然气勘探所带来的威胁。

对于纽约来说，目前的挑战就是维系并改进这些基础设施，并且在这一过程中，创建一个更加可持续化的城市。最初的纽约城市规划项目文件包含 127 条政策倡议，这 127 条政策倡议旨在规划 2030 年纽约的城市面貌并使纽约城市人口容量由 800 万人增加到 900 万人。2011 年更新的文件中又增加了更多的倡议，这些倡议目标宏大且多数都是长期规划，你可以通过纽约城市规划项目的网站去追踪这些目标任务进展的细节。

许多维系基础设施的重要工作都是公众无法看到的。例如，为了确保城市用水长久稳定的供应，纽约市环境保护局用了几十年的时间修建了一条新的输水隧道，这也是这个城市的第三条输水隧道（第一条始建于 20 世纪 30 年代）——来从巴豆水库运水，这样可以缓解现有两条隧道的压力，使得其中的一条得以被检修。这条位于街面以下 600 英尺（1 英尺 =0.3048 米）深，绵延 60 英里长（1 英里 =1609.344 米）的"三号输水隧道"于 2013 年投入使用。纽约市设计与建造局设计了将水从新的输水隧道运送到各条城市街道的配水总管。

我们正采取相关措施来减少送往垃圾填埋场的固体垃圾数量，同时采取用船来运送固体垃圾的办法以减少城市街道上运输货车的数量，从而达到节约能源和提升空气质量的目的。

为了更好地管理雨水以防止增加垃圾处理设施的负担，纽约城市规划项目设想了一种更为"上游"的方法：通过要求建筑物配备雨水滞留系统，建造生态沼泽和挖树坑来吸收雨水，将停车场改造成透水地表，以及增加滨海湿地的蓝带网络等手段达到从一开始就不让雨水进入排水系统的目的。

这一设想的实施需要环境保护局（负责管理废弃物和水系统），交通局（负责管理公路与人行道），公园与娱乐局（负责维护树木与生态沼泽）以及楼宇局（负责确保新建筑遵守滞水规范）等部门在政策制订及实际行动中的相互协调与配合，纽约市设计与建造局在这其中的角色是设计建造这些系统，协调合作各方的预算以便为该建设计划争取到更多的资金支持，同时协调参与到整个设计建造进程中的各方的工作。

布隆伯格政府的一个重要成就是针对公共空间的稳步改造，在很长一段时间内，纽约都和摩天大楼以及庞大的人口密度联系在一起，公共空间通常都是整体建设完成之后才会想到的部分（所谓的公共空间也只是楼与楼之间的剩余空间），路网系统也都被汽车所占据，89% 的城市街道空间都贡献给了汽车，留给行人和骑行者的空间少得可怜。因此，在过去十年间，为了让行人和骑行者享有与机动车同等的权利，在简奈特·萨迪克汗（Janette Sadik-Khan）领导下的交通局实施了一项名为"完整街道"的政策。纽约市交通局通过拓宽人行道宽度，新建广场以及增加自行车道网络的手段使城市街道变得更适合于行走和骑行，这个城市也因此获得了更好的慢行体验，这一点从时代广场的改造就可以看出来，我们关闭了百老汇大道时代广场段第 42 街到第 47 街之间的机动车交通，并在这个区域新建了五个公共广场，很快，这里就吸引了大量人群驻留。最初，这一区域的机动车交通关闭只是临时的，但从 2013 年开始将永久关闭，并委托斯诺赫塔景观建筑设计公司（Snøhetta）对这里进行全新设计。

但是，一个城市如果仅仅只有硬基础设施，那也只是一个空壳。软基础设施——从低犯罪率和街道安全到可获取的医疗保健，从高水平的学校教育到包括博物馆、图书馆、音乐会和专业体育运动在内的文化与娱乐机遇——才是决定居民生活质量的根本。

在本书中你也可以看到在过去 12 年间，纽约在其文化和娱乐设施上的投入，具体包括：在五个区内新建及扩建图书馆、博物馆以及艺术和音乐中心、消防站和救护站、警署和医疗中心、公园公厕和娱乐中心。这些项目由纽约最好的新兴建筑师设计，让每一个社区，每一位街坊邻里都能从纽约城市设计与建造卓越计划中获益。我们希望这个项目能够为达到我们预想中的 2030 年及以后的城市生活目标贡献一份力量。

戴维 J. 博尼
美国建筑师协会会员
纽约市设计与建造局委员

目录

NTENTS 》》》》》

具有
开拓性的
纽约市
设计与建造
卓越计划

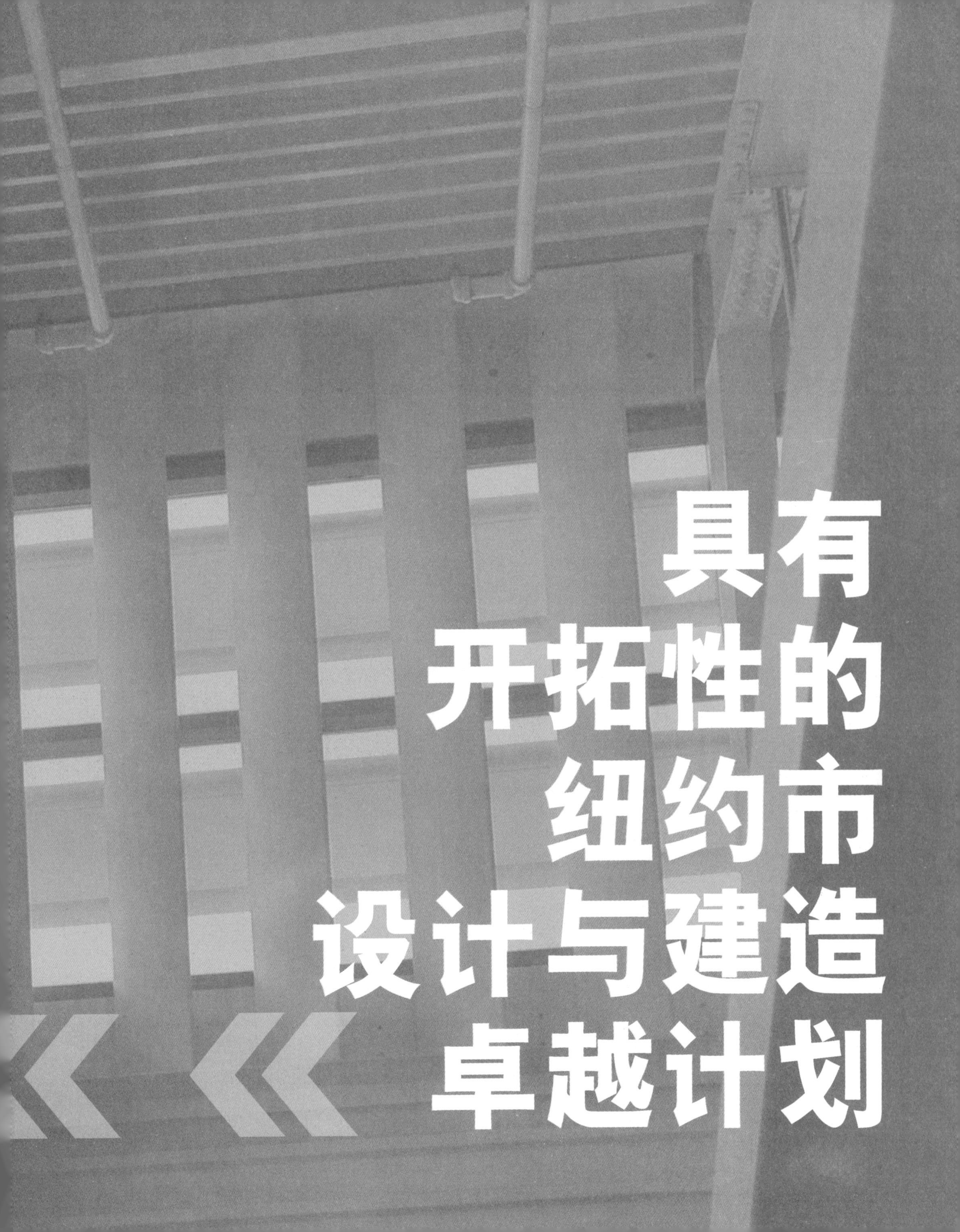

纽约市政议会厅屋顶的修复壁画

纽约以其天际线而闻名，纽约市的五个区在有着 578 英里海岸线的群岛和 40 多个独立岛屿之间延展。曼哈顿区和斯塔滕岛都各据一岛，布鲁克林区和皇后区构成了长岛的西缘，只有布朗克斯区位于大陆。纽约拥有 830 万人，是美国人口最稠密的城市，由于早在 1625 年荷兰人就建立了纽约，因此纽约也是美国最古老的城市之一，早于威廉斯伯格、波士顿和费城。

纽约是资本之都，同时也是世界艺术、教育、出版、时尚和贸易中心，它还是联合国总部的所在地。相比其他城市，更多重要的建筑实践选择在纽约进行，在过去的十年间，大部分的建筑实践项目是为公众设计建筑物，主要集中在贫民区和市中心，这些实践项目由市长迈克尔 R. 布隆伯格先生启动的设计与建造卓越计划（D+CE）赞助，由纽约市设计与建造局（DDC）牵头完成。

2004 年，布隆伯格市长委任建筑师戴维 J·博尼为纽约市设计与建造局的行政长官。该

市政厅大礼堂（大厅）

机构成立于 1996 年，旨在通过对城市的设计与建造项目进行集中统一的管理和协调来提高建造效率和成本效率。纽约市设计与建造局为 20 多个城市机构管理重大项目，所经手管理的建筑项目总建造经费共计 80 亿美元。 在布隆伯格市长和帕翠西亚·哈里斯（Patricia Harris）副市长的支持下，博尼仿照 1992 年由联邦总务管理局发起的一个项目模式展开了设计与建造卓越计划。

虽然在早期，许多建筑，像美国国会大厦（1793~1811 年）、纽约市政厅（1811 年）和弗吉尼亚大学（1818~1826 年）都聘请了最著名的建筑师，用了当时最好的建筑材料来建

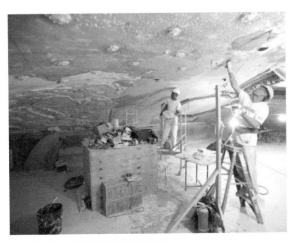

纽约市政议会厅屋顶壁画修复现场

纽约市博物馆

他们的利益损失，最终导致了建筑质量的下降和整个城市建造成本的升高。

1962年肯尼迪总统注意到了公共建设工程质量江河日下的情况，他在联邦政府办公室设立了一个专门委员会来制定公共建筑的设计规范。后来成为美国参议员的年轻的丹尼尔·帕特里克·莫伊尼汉（Daniel Patrick Moynihan）制定了一套后来被称为"联邦建筑指导方针"的建筑规范，这些规范中写道："联邦办公大楼必须提供高效且经济的设施设备"并且"要反映出美国政府庄严、进取、活力和稳定的形象特征"。

这些"指导方针"要求"设计能够体现最好的当代美国建筑思想，尤其应该关注在建筑中融入建筑物所在区域的民族传统，如果可能，建筑设计中还应融入艺术作品，尤其是在世的美国艺术家的作品。设计应该使结构牢固，并使用可靠的材料、建造方法和设备。建筑物在建造、使用和维护方面应该经济节约，同时对于残疾人应具备易用性。我们在设计政府办公建筑时应该遵循将专业的建筑设计技巧应用于政府办公建筑之中，而不是反其道而行之，要避免为了适应所谓的办公风格而限制建筑设计的专业发挥……"

遵循这些指导方针，部分雄心勃勃的宏大的联邦建筑被建造起来，例如马塞尔·布劳耶（Marcel Breuer）设计的美国住房与城市发展总部大楼和密斯·凡·德罗（Mies van der Rohe）设计的气质庄严的芝加哥联邦中心大厦。

总体来说，联邦的建筑为达到经济、高效和标准化的目标基本遵循了以上规范和标准，到了1992年，联邦总务管理局发起了一项卓越设计项目，最终将这些"联邦建筑设计指导原则"

造，但是在第二次世界大战之后，情形发生了变化。面对着人口的迅速增长、战争的后续影响、经济大萧条，以及兴起于建筑界，将"功能"价值置于最高位置（类工厂式的实用建筑）的现代主义运动的影响，美国政府开始建造价格便宜，造型朴实的建筑与设施。

对于如何实施这一转变，政府并没有采取寻找有才华的建筑师以及能干的承包商的办法，而是着手开始进行商业实践：通过创建城市环境来使城市变得开放和具有竞争力。但是，在这个环境里，多半的设计都平淡无奇，不能很好地与环境相匹配，建筑设施与功能的匹配也极其糟糕。此外，投标过程也越来越混乱，一小部分懂得操控整个游戏规则的承包商们为了得到工作机会，在竞价过程中叫价过低，继而又通过修改规则和要求的方式来弥补

布朗克斯动物园狮园

帕克·斯洛普图书馆（Park Slope Library）的铅条玻璃

应用于实际操作之中，以确保至少联邦建筑能够彰显联邦政府的抱负与价值，并且为子孙后代提供高质量、高性价比以及持久耐用的公共建筑。

受到联邦总务管理局的启发，纽约市设计与建造局在戴维 J·博尼的领导下，与城市公共设计委员会、市长办公室以及其他一些市政部门合作，发展了自己的设计与建造卓越计划来提升纽约市建筑和街道基础设施工程质量。纽约市设计与建造局负责管理建筑的设计与建造，这些建筑必须要能够提供全部的市政服务，有些建筑民众可以直接使用，例如公共图书馆、剧院和博物馆，另外一些建筑则是为公众提供服务，例如警署、消防站和紧急医疗服务设施，这些建筑能够让民众在一些紧急时刻找到去处并得到相应的社会服务。

设计的重要性

通过提升设计的重要性，使其在建筑项目中的地位等同于项目的时效性以及交付成本，设计与建造卓越计划给工作和生活在纽约的人们，以及每年数百万计访客的日常生活体验带来了一种勃勃的生机，使得纽约这座城市成为全球文化和商业的中心。

我们所说的设计并不仅指建筑的外观，其含义延伸至建筑物的细节，材料和施工体系的耐久性，建筑的形态对其功能的支撑以及最难以把控同时也是最重要的一点：如何通过使用和享受这些建筑所提供的服务，来提升人们的生活质量。我们需要从维特鲁威（Vitruvius）提出的坚固、实用和美观这三个要素来全面理解设计的含义。

纽约公立图书馆桑树街分馆（Mulberry Branch Library），曼哈顿

帕斯家庭中心（PATH Family Center），布朗克斯区

横跨曼哈顿和布朗克斯区的高桥

基于质量的评审方法

为了实施设计与建造卓越计划，纽约市设计与建造局需要改变一些现有的商业运作模式，因为他们已被认为有碍于将好的设计应用在公共建设当中。首要的挑战就是更深入地挖掘纽约本地（及纽约之外）的设计人才，鼓励更多好的设计公司去承担城市项目。过去，由于设计师竞标中恶意的价格竞争以及令人压抑的官僚体制，许多有资质的设计公司都不愿意参与到城市项目中去。与政府部门的合作使得纽约市设计与建造局能够采用基于质量的评审方法来选择设计服务供应方，当要为一个城市项目选择设计者时，参考的依据是候选者过去的工作业绩和成果质量以及设计团队的资质，一旦选择出最好的团队，就可以公平合理地就设计服务费用问题进行商谈。

公共建筑

20.2 亿美元

为文化机构设计的建筑项目

>> 维克维尔文化遗产中心，布鲁克林区。

68 亿美元

为纽约市三个区的图书馆系统设计的建筑项目

>> 坎布里亚高地图书馆，皇后区。

32.3 亿美元

为纽约市消防局设计的几个项目

>> EC227，布鲁克林区。

11 亿美元

为纽约市警察局所做的建筑修复与升级

>> 中央公园管辖区，曼哈顿。

哥伦布转盘广场，曼哈顿

布朗克斯艺术博物馆

纽约市设计与建造局与美国建筑师协会一起对这个转变进行宣传,鼓励顶级设计公司参与城市项目的竞标。许多小的、新兴的设计公司面对项目竞标变得犹豫不决,认为在基于质量的评审选择流程下,想要同大的老牌设计公司竞争是一件非常有难度的事情。但纽约市设计与建造局同样希望能够吸引到这些小的新兴公司,因为他们非常适合接手一些小体量的城市建设项目,这些项目在纽约市设计与建造局的项目系列里占据了很大的比例。为了达到这个目的,纽约市设计与建造局将所有项目中工程价值在 1000 万美元(现在提高到了 1500 万

美元)以下的项目留置出来,专门给小公司(专业员工在 10 人以下的规模)来竞标。在本书中,你将看到这一举措的结果——许多由新兴公司设计的高质量公共建筑。若非这一举措,这些公司也许将无法获得这些设计委托。

事实上,纽约市设计与建造局所扮演的角色更像是一个媒人,勤于将合适的设计团队与具体的项目相匹配,并确保设计项目的顺畅进展。所有项目都是团队合作的结果,纽约市设计与建造局的工作人员因此需要与市政部门以及私营企业的建筑、工程和建造部门的专职人员密切合作。纽约市设计与建造局在寻找和指导纽约的新兴设计人才方面充分发挥了特别有效的作用,从而使纽约人可以更好地从创新与创造中获益。

设计联络人

设计与建造卓越计划还实施了一些创新举措来确保我们团队的设计能够通过城市评审过程(City review process)并且从预算限制中生存下来。每一个项目都配有一个专门的项目经理,项目经理的职责是保证项目按时、按预算交付。但我们所面临的挑战是,必须保证在按时、按预算交付项目的同时,不降低设计质量,以免偏离我们最初设定的目标。为了达到这个目的,在设计与建造卓越计划中,每一个项目同时还配备了一名设计联络人,他负责使项目在追求符合预算与进度的过程中保证设计的质量。

同行评估

纽约市设计与建造局的成员们一致认为邀请项目外的专家参与到城市建设项目的委托和实施的全过程中是十分重要的。作为任务委

托流程的一部分，我们设置了一个同行评议程序，该程序由几个部分组成，来自私营机构的专业同行被邀请作为竞标过程的咨询顾问，同时他们也会在设计过程中提供独立评价。这些同行的选择依据来自于市长办公室登记在册的专家库名单，这些专家能否进入专家库要看他们的职业经历以及在建筑工程设计方面的作品表现。这些项目外的专家贡献出自己的时间来对处于原理和概念阶段的新设计进行评判，以确保能挑选出最佳的设计解决方案。最后，由城市设计委员会（之前是艺术委员会）给出最后的评审意见，再次保证进入到建造阶段的设计是具有高品质的。

施工能力评估

为了保证施工过程的顺利进行，减少因施工文件的不完整以及纰漏而导致施工过程中出现问题的可能性，设计与建造卓越计划整合了一套针对招标前的施工文件的综合评估方法。

设计度量

为了反驳"设计质量的好坏是一种主观判断，难以定义和衡量"的观点，设计与建造卓越计划采用了一种工具（设计度量）来对设计的质量进行评估和衡量。在项目的初始阶段，设计度量就设计的优先级建立一个共识，并跟进设计过程，使该项目始终符合设计优先级的主次排序。

教育

除了管理城市建设项目的设计与施工之外，纽约市设计与建造局还扮演了建筑环境实

公园坡军械库，布鲁克林区

街道基础设施

将主水管与 3 号隧道进行连接，曼哈顿

铺设人行道、街道总长度为

863 英里

更换消火栓数量为

15140 个

安装总水管长度为

797 英里

安装人行坡道数量为

39180 个

安装雨水沟、排污沟总长度为

588 英里

连接到市政系统的家庭数量为

10790 个

践研究的火车头角色，纽约许多重要的计划和提案都源自于纽约市设计与建造局做过的研究，在这些研究里面，设计与建造卓越计划的整体项目报告是最为重要的，它奠定了这个计划的基础，对具体细节和商业运作都有所描述。

纽约市设计与建造局还发布了很多技术报告，为已经参与或可能会参与到城市设计项目中来的专业人员提供指导。包括《高性能建筑和高性能基础设施指南》《地热热泵手册》《水的重要性（水管理指南）与建筑信息模型指南》，在报告中，纽约市设计与建造局阐述了在工程项目中使用建筑信息模型的方法论。这些出版物在纽约市设计与建造局的网站上都可免费下载。

第 86 街，布鲁克林区

设计与建造卓越计划主要成果

纽约市设计与建造局最具有革新性的一本出版物是《积极设计指南》（《Active Design Guidelines》），作为布隆伯格政府对抗越演越烈的肥胖问题（当今美国国内最严重的公共健康问题）的其中一项举措，纽约市设计与建造局同卫生部和其他几个市政机构合作，探索通过改进建筑环境来增强体育运动的方法。这本指南出版于 2010 年，囊括了"最好的实践案例"来鼓励建筑和城市设计的流动性。随着越来越多的指南出现在这个不断发展的领域，纽约市设计与建造局对此做了一些内容上的增补。2013 年，布隆伯格市长创建了积极设计中心网站（www.centerforactivedesign.org），以便在将来继续这项工作。市长还发布了一项行政命令，要求所有的城市建设项目在任何可行的情况下遵循积极设计原则。

另一个重要的倡议就是由纽约市设计与建造局发起的"城镇与长袍计划"，为了引进学术界的智力资源来做有关城市问题的研究或解决长久存在的问题，城镇与长袍计划召集了众多学术资源来创建建筑环境应用研究项目。每年都会举办的研究会议对于参与这项计划的成员来说是一个就研究项目寻求合作的大好机会。已完成的项目每年都会在《建筑创意》（《Building Ideas》）当中做简要介绍，这些项目同时也会在城镇与长袍计划团体举办的研讨会上作为基础议题被讨论。

本书所列举的项目正是设计与建造卓越计划下产出的主要成果，书中重点全面介绍了在纽约的五个区内，为不同市政机构建造的公共建筑、街道景观和基础设施工程。这些不仅仅只是过去十年间最显眼的工程项目，更重要的是，它们将高品质的设计带到了邻里社区每日可见的市政工程当中。

纽约市五个区的公共建筑项目

» **建筑改造**

» **法院**

» **消防队**

» **警局**

» **文化设施**

» **图书馆**

» **医疗**

» **公众服务**

布朗克斯区

曼哈顿区

皇后区

布鲁克林区

斯塔滕岛

7

街道景观 /

广场 /

公园 /

娱乐设施

» 街道景观 / 广场

» 公园 / 娱乐设施

在众多激动人心的纽约新公共项目中，最具公共性的莫过于通过重新规划使其重获新生的行人友好型街道、广场和公园了。城市中许多著名街道的部分区段——就像百老汇大道，被有效地转变成了公园。还有一些新的公园被建造在一些意想不到的地方，例如布朗克斯区巴豆水处理厂的顶部。而曾经被汽车交通塞满的时代广场如今也变成了一个有桌椅可供行人休憩的，生机勃勃的广场。再往南，在格林威治村，百老汇大道与亚斯特坊广场交汇，亚斯特坊是另一个新的、正在这个充满活力的三角形区域中被创建出来的公共广场。

其他区域的一些新的人群聚集场所也都正在建设当中——它们散落分布在布鲁克林的邓波区，皇后区的紫薇广场，布朗克斯区繁华的交通枢纽和罗伯特·克莱门特广场的购物区。在这些地方，屡获殊荣的建筑师们正努力在街道枢纽中创造带有地方特色的环境空间。

因为飓风桑迪（Sandy）毁坏了纽约的海滨区，纽约市设计与建造局同公园与娱乐管理局联合发起了一项针对广受游人欢迎的海滩进行修复的计划，这个修复计划包括：一系列被抬高的海滨木板人行道（浮桥岛），这些浮桥岛的作用是连接海滩和附近的街道；科尼岛洛克威海滩上具有前瞻性的模块化救生站，以及位于斯塔滕岛上的沃尔夫池塘公园，该公园设计的独特之处在于它将海平面升高和日益频繁猛烈的风暴等因素纳入了考虑范围。

对于纽约市五个区内一些新建的公园来说，近水的需求是促使他们诞生的原因。在哈德逊河位于哈雷姆区和洋基球场附近的河岸上人口密集的区域，人们对于休闲娱乐空间的需求很迫切，工程师和景观设计师们正在设计建造一些有活力的适用场所，我们将在接下来的篇幅里对其中的大部分案例进行介绍。

街道景观／
广场

≫ 亚斯特坊广场和库柏广场（ASTOR PLACE + COOPER SQUARE）

> 地址：曼哈顿，东九街与东六街之间
> 设计机构：WXY 建筑与城市设计事务所，昆内尔·罗斯柴尔德合作事务所
（WXY ARCHITECTVRE，with Quennell Rothschild and Partners）
> 管理机构：纽约市交通局和公园与娱乐管理局，2015 年

　　当包里街贯穿第三大道、库柏广场和第四大道的时候，格林威治村和东村之间似乎就出现了一条裂痕，大家迫切希望在这两个区域交汇的地方重新修建公共场所。交通局的步行空间改善计划和环保局的总水管更换工程给这一愿望的实现提供了契机。这个街区最近经历了一股建设热潮，除了一家新的精品酒店，在这里还为库柏联盟学院新修了一栋重要的学院建筑。但是，尽管这个街区混住了社区居民、学生和职员，可供它们欣赏城市风光和在户外享用午餐的场所却几乎没有。

　　凭着对民众白天和夜间需求的敏感，WXY 建筑与城市设计事务所与昆内尔·罗斯柴尔德合作事务所的景观设计师们以及蒂利特照明设计公司（Tillett Lighting Design）共同协作，沿着第四大道创造了四个相互串联的广场，每一个都有它自身独具特色的灯光照明。这一设计使得我们获得了由一条条改造后的街道构成的丰富的步行环境。不同尺度和材料的椭圆形

环形效果图

亚斯特坊广场和库柏广场鸟瞰图，曼哈顿

为各个广场提供了灵活的几何结构形态，各个广场之间铺设道路，相互连接。彩色的混凝土上交错地刻着图案，这一灵感来自于环绕库柏联盟学院大楼的人行道路。

　　这一新的公共空间被历史建筑和纪念碑所环绕，该项目正在稳步向前推进着，将在运用可持续的设计策略的同时彻底改善建筑质量与本地体验的多样性。遍布在旧街道和人行道两旁的树木植物是新种的，它们能够减少暴雨径流，以及提供阴凉。这些植物不仅能够凸显亚斯特坊广场地铁站入口顶棚旁的新座椅和自行车架，为游人去观看由托尼·罗森塔尔（Tony Rosenthal）创造的著名的立方体雕塑提供更好的引导，还提升了《乡村之声》

亚斯特坊广场地铁站

路面铺设细节

库柏公园步行道

报业大楼附近空间的愉悦感。高性能材料的使用，如粉煤灰混凝土、结构性土壤以及能够让雨水渗透到地下和生物过滤带以净化径流的透水路面，能够促使这个项目完成纽约2030年计划中的大部分目标。

这个计划中还包含了一个针对库柏公园的新的设计方案。这个方案将公园与其他空间联系起来并解决了它设计中固有的各种问题，这次的重新设计扩展了绿植区域，通过增加部分入口的方式提升穿行公园的行人流通量，并加强了整体的安全性。

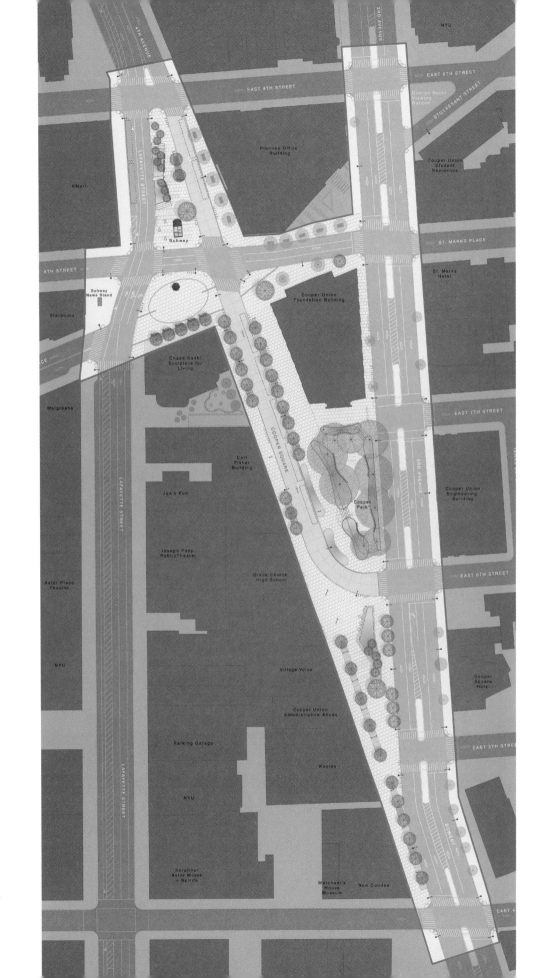

建设方案

▶▶ 城市照明（CITY LIGHTS）

> 地址：整体的五个区域

> 设计机构：托马斯·菲佛合作事务所，视觉交互办公室（THOMAS PHIFER AND PARTNERS，Office for Visual Interaction），结构工程师维尔纳·索贝克

> 管理机构：纽约市交通局，2013 年

　　2004 年，纽约市设计与建造局联合交通局举办了一项国际设计竞赛，旨在为纽约市创立一种新的街道照明标准。托马斯·菲佛联合视觉交互办公室的照明设计师们以及结构工程师维尔纳·索贝克共同设计的作品从来自 23 个国家的 200 多件匿名作品中脱颖而出，在这次城市照明设计竞赛中获胜。这件名叫"未来路灯"的设计作品采用 LED 半导体照明街灯替换了兴起于 50 多年前，目前仍在普遍使用的 250 瓦高压蛇头型钠灯，这种照明方式被交通局纳入了街道照明产品目录，并作为一种新的安装标准在全市五个区域范围内进行推广。

　　虽然街灯简洁的外表掩盖了其复杂的机械结构，但高输出、小体量的 LED 灯的确给街灯在造型和比例上的精致设计提供了更大的自由度。即使是灯下部的撑杆就有多种设计特征与要求：九米半的灯杆需要自下而上逐渐变细，使其保持一个微不可见的锥度，这样不仅可以使灯杆整体看上去比较苗条，还能增强结构的稳定性。弯曲的弧形灯头是 LED 线性光源特征最直接的外在表达，这种外形的设计在获得技术优越性的同时还兼具审美上的永恒性。雕塑般的底座加上流线型灯杆和灯头，共同构成了这个造型优雅的路灯，路灯的造型风格不仅与纽约现代的摩天大楼相契合，还与一些经典的传统建筑样式也同样协调得很好。

　　如今 LED 照明技术已经十分普遍，所以我们很难想象，这项获奖的设计在当时的户外照明行业中竟是一种突破。高性能的 LED 灯在当时是一种新兴技术，在 2004 年，这项设计能够想到将 LED 技术用在这一要求严苛的应用领域当中，在想法上是非常超前的。经过多次的调整与改良，LED 街灯照明终于成为现实，对比过去采用单点光源的标准街道照明模式，LED 街灯照明可以让光线分布更加均匀，产生更好的光比，提供更加精确的显色性以及最低程度的眩光。所有这些对于构建安全的城市街道和人行道路都功不可没，同时它们也是让整个街灯设计变得更加

街灯正视图，街灯侧视图

街灯灯杆效果图

街灯正视图

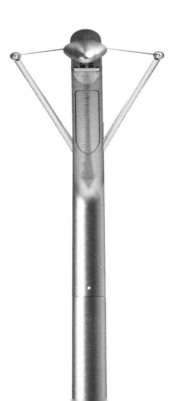

精炼，更加富有视觉想象力的重要因素。

在设计不断改良的过程中，各种各样的发光二极管群组模式被开发出来，以便找到最优的发光二极管结构配置。最终，这些二极管从交错排布被简化成线性排布，并搭配微透镜，有效减小了灯源尺寸和制造成本，并通过定制的光学元器件来控制每条光线的走向，使光束在照明区域相互重叠以消除光源总体光束的不均匀性，避免因LED灯珠坏死而导致的照明暗区，以此来提高道路的安全性和统一性。

每个街灯一共使用了84个低瓦数的LED灯，相比同样数量的250瓦高压钠灯，这些LED灯能够节省40%以上的能源。随着技术的日趋精进，LED的节能性还会继续提高。因为LED灯采用灵活的模组体系，内部坏掉或者老旧的发光组件可以被新的替换，因此可以达到使用较少的LED来产生相同输出光量的目的。街灯也因此能够做到与时俱进，随着技术的发展，这种灯将变得越来越低成本和可持续化。

自从这项突破性的设计问世以来，不同于市面上常见的其他LED街灯，为了满足纽约市设计与建造局、交通局和公共设计委员会对于技术和审美的严苛要求，纽约城市照明所采用的街灯经历了严格的测试和原型设计，这样做的结果是，纽约的城市照明被称为"适用于未来的照明设计"，并成为纽约城市景观的新符号。

珍珠街广场鸟瞰图

≫ 邓波区和醋山广场 （Dumbo and Vinegar Hill Plaza）

> 地址：布鲁克林区，东河岸边的邓波区和醋山
> 设计机构：艾奕康技术公司（AECOM TECHNOLOGY CORPORATION）
> 管理机构：纽约市交通局，2015 年

广场夜景

这个项目在以前的工业社区邓波区进行，在此区域内对一个停车场进行了改造，封闭其毗邻的街道，并整合进曼哈顿大桥的拱门，一起形成一个新的广场。该项目对主街道地面铺设的具有多年历史的鹅卵石进行了修复，并新建了一条连接到醋山街区的自行车道。曼哈顿大桥下的这片独特区域将和整个广场一起为社区和更好的纽约创造一个充满活力的新去处。

从拱门看向广场

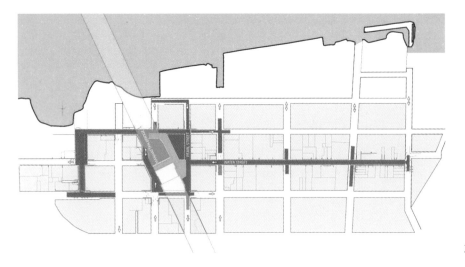

施工区域

广场的地面采用了现代的方法来效仿鹅卵石街道的铺设方式，固定的座椅被安置在广场的主要区域，为一些表演、放映和活动提供了大量的集会空间。在广场的种植区域也安放了座椅，为小团体的集聚创造了一个更加私密的环境。

为了让广场的使用具有更大的灵活性，设计师还设计了可移动的桌椅和植物，它们可以根据使用广场的团体人数和活动规模进行调整。

广场

安克雷奇广场

地铁站北部顶棚为行人提供了遮蔽，可以用作等候区

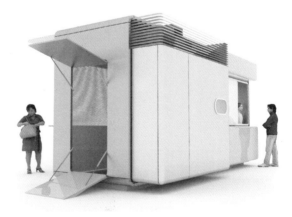

这样的凉亭将为零售贩卖和用餐服务提供更多空间

福特汉姆广场 （FORDHAM PLAZA）

> 地址：布朗克斯区，第三大道，公园大道，东福特汉姆路，东189街

> 设计机构：格雷姆肖建筑师事务所（GRIMSHAW）

> 管理机构：纽约市交通局，2015 年

福特汉姆广场是一个占地面积达 1.7 英亩（1 英亩 =4046.8564 平方米）的公共广场，位于布朗克斯区通勤铁路路线的首端，与周围数条繁华的街道相连。格雷姆肖建筑师事务所对该广场的规划旨在加强行人的安全性，针对不同交通乘车方式提供简洁清晰的入口引导，并创造一个能够承担各种类型集会和大型活动的充满活力的公共场所。

但广场改造的核心目标还是为行人提供来往于不同交通模式间的引导，保证行人在各种交通模式之间的切换既安全又简单易达，同时为路人和社区居民提供更好的享受便利设施的机会。新设计的交通入口结构和导视系统，再配上实时交通信息显示，将会更清晰地引导乘坐轨道交通的乘客来往于地下铁路站台和重新配置的地面公交站台。整个广场由两个冠状顶棚圈起一块可以灵活运用的中心区域组成，这块区域一年四季都可以被用来作为举办各种不同活动的场所。

北边顶棚下方是一个类似于咖啡馆的封闭结构的候车区域，这也是通向通勤铁路站台的另一个入口。南边顶棚下的空间是留给农贸市场和小摊贩的，以此来增加客流量和零售生意。模块化的小亭子也可以用作额外的零售和用餐点。经过细致思考的地面铺陈设计和广场景观设计强化了这种行人流通模式，并为附近的交通提供了一个缓冲区域。

从福特汉姆路看向广场，可以看到，新的行人流通模式能够引导行人凭直觉到达他们要去的交通站点

≫ 弗雷德里克·道格拉斯环形路口 (FREDERICK DOUGLASS CIRCLE)

> 地址：曼哈顿，中央公园西与第 110 街之间

> 设计机构：URS 公司，昆内尔·罗斯柴尔德合作事务所（URS CORPORATION，with Quennell Rothschild and Partners）

> 公共艺术百分比设计：阿尔杰农·米勒（艺术家）（Algernon Miller），加布里埃尔·科伦（雕塑家）（Gabriel Koren）

> 管理机构：纽约市交通局，2010 年

弗雷德里克·道格拉斯雕像

　　在弗雷德里克·道格拉斯环形路口的改造项目中，中央公园的西北角从传统的十字交叉路口被改造成了环形转盘，这样可以围起一块公共区域，并在这一区域中树立弗雷德里克·道格拉斯的雕像与纪念碑。

　　这个占地四分之一英亩的纪念场地包含一座纪念碑，一座栩栩如生的雕像和一系列记叙着弗雷德里克·道格拉斯生平的元素，这座碑上还记录了美

喷泉的造型设计一

喷泉的造型设计二

马车车轮栏杆的细节

国奴隶制时期逃亡奴隶的悲惨境况，而这些也正是弗雷德里克·道格拉斯生前在其著作和演讲中经常表达的核心内容。花岗石路面以及雕刻长凳在色调和造型图案上不断变化，这些色彩和图案来自于打破奴隶制时期人们日常生活中所使用的被子上的常见图案。另外一些语义元素还包括一条仿马车车轮的铸铁栏杆和一条点缀有闪烁星星图案的直线型喷泉，意喻天上的群星指引着奴隶们趁夜逃离。

这个项目还包括对环形转盘西边所存在的各种潜在问题的调研以及修复。

项目团队成员包括从事景观建筑设计的事务所昆内尔·罗斯柴尔德合作事务所，LLP，写实雕塑家加布里埃尔·科伦，艺术家阿尔杰农·米勒以及位于哈雷姆的 J-P 设计集团股份有限公司。这个项目获得了 2011 年美国工程公司协会颁发的卓越工程奖银奖。

花岗石雕刻的三角形长凳

花岗石雕刻的"拼图"长凳

≫ 长岛城市导视项目 (LONG ISLAND CITY WAYFINDING PROJECT)

> 地址：皇后区，贯穿整个长岛市
> 设计机构：赖斯 + 利普卡建筑师事务所（RICE+LIPKA ARCHITECTS）
> 管理机构：纽约市交通局，无具体日期

法院广场的导视牌

不同造型结构的导视牌研究模型

一套实体导视装置不仅可以起到标示区域范围的作用，还能够为这个社区新建的文化区建立起统一的视觉标识。这个项目旨在为长岛市的文化创造一个标志性的，对于本地居民和游客来说易于识别和记忆的象征形象。

导视牌在汽车司机和行人都能够识别的尺度范围内印有地图和标牌，清晰传达了不同公共机构的所在位置并给出了到达这些位置的最佳方案——步行、开车、骑自行车、乘坐公交或者地铁。导视牌上还有可替换的标志和显示板，以提供一些关于特殊场所、展览、表演和活动的信息。这个在建的项目最重要的一点是在导视牌的位置选择上采用了最优方案，导视牌的设置贯穿了整个长岛市，覆盖 500 个城市街区，占地面积共达 1664 英亩。

法院广场的导视牌

》》 路易斯·内凡尔森广场（LOUISE NEVELSON PLAZA）

> 地址：曼哈顿，威廉街 84 号

> 设计机构：史密斯 – 米勒 + 霍金森建筑师事务所（SMITH-MILLER+HAWKINSON ARCHITECHS）

> 管理机构：纽约市交通局，2010 年

路易斯·内凡尔森广场，曼哈顿

　　"9.11" 事件后，曼哈顿下城发展公司遭受了很大破坏，因此史密斯 – 米勒 + 霍金森建筑师事务所决定为其展开一项名为"战略性开放空间"的研究项目，而对路易斯·内凡尔森广场的改造就是这个研究中第一个完成的部分。包括纽约联邦储备银行、纽约市交通局、纽约市设计与建造局、曼哈顿下城发展公司以及纽约市公园与娱乐管理局在内的多个政府机构共享该广场，并共同对其日常运转进行管理。

"9.11"之后政府下拨的联邦基金被一个联合城市／州公司进行分配，用于广场的再设计，以应对日益增长的居民人数以及曼哈顿下城街区用途的日益多样化。广场附近区域在本质上的转变，对公共空间在夜晚和周末的可用性的再设计提出了要求。

　　威廉街上别出心裁的公共设施与新的景观环境融为一体，这一设计大大提高了人们在这条街道上步行徜徉的积极性，并促进了零售行业的兴盛。邻近的沿着柏树街的开放空间在自由广场和大通广场改造计划的带动下，建立了一条连接世贸中心遗址和威廉街的人行道。

　　这个广场还能够为联邦储备银行提供全天24小时的安全警戒，定制的由黑色玻璃和钢材搭建的安保亭就坐落在这个广场上，以方便对过往车辆进行检查。该项目团队包括拉尔夫·勒纳建筑师事务所与昆内尔·罗斯柴尔德合作事务所共同组建的景观建筑师事务所。

鸟瞰图

广场正对联邦储备银行

安保亭与玻璃长椅

≫ 紫薇大道广场（MYRTLE AVENUE PLAZA）

> 地址：布鲁克林区，紫薇大道、爱默生广场与霍尔街之间
> 设计机构：艾奕康技术公司（AECOM TECHNOLOGY CORPORATION）
> 公共艺术百分比设计：马修·盖勒（Matthew Geller）
> 管理机构：纽约市交通局，2015年

广场走廊

规划图

公交站

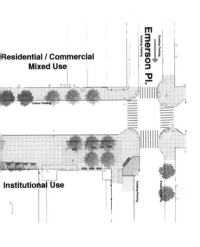

紫薇大道广场项目将现存于格兰大道和爱默生广场之间的一条辅道的两段，变成了布鲁克林区克林顿·希尔街区的步行广场。作为由纽约城市规划项目启动的纽约城市广场计划的一部分，这个项目要求夺回并未完全被行使的公众道路使用权，将辅道变成了公共空间。通过一系列对行人空间的改进，紫薇大道的交叉路口将会变得更加安全。

这个改造项目创造了一个新的带有绿植的公共广场和针对各类不同人群开放的聚集场所，提供了一种新的联谊街区空间设计形式。

该项目的主要目标是增加这一区域的行人安全，具体措施有：设置禁停区，加宽狭窄的人行道和中央隔离带；缩小霍尔街和格兰大道之间辅道的宽度；在格兰大道交叉口提供信号控制设备。

整个项目设计过程都使用了可持续化的方式来操作，引进了透水路面，设置了绿植区和连续的树池来营造街景，同时拦截雨水和降低城市热岛效应。

紫薇大道广场被设计成一个与周围建筑以及街区建筑肌理直接相契合的开放性灵活空间。广场区域引进了新的人行道照明设施，以方便人群在广场的活动。

帕克洛大街与且林广场 (PARK ROW/CHATHAM SQUARE)

> 地址：曼哈顿，帕克洛大街市政厅公园段

> 设计机构：托马斯·巴尔斯利联合公司（THOMAS BALSLEY ASSOCIATES）/ 斯坦泰克建筑事务所（STANTEC）/ 维德林格尔联营公司（WEIDLINGER ASSOCIATES）

> 管理机构：纽约市设计与建造局，纽约市交通局，纽约市警察局，2010 年

纽约市警察局总部对安全性的全新需求为帕克洛大街和且林广场的再设计创造了一个特别的机会，让这个地方成为一个新的公共性的漫步空间，曼哈顿下城居民的一个新去处。

在这个项目中，我们会将帕克洛街变窄，变成一条连接唐人街和曼哈顿下城的树木葱郁的走廊。走廊两边种满樱花，为行人和骑行者提供良好的漫步体验。整个区域都布置了红色休闲长椅，长椅后面密集种植了本地绿草与常年生植物，以形成生态沼泽来吸收雨水，同时为座椅提供一个别具特色的景观。

走廊的另一端是一个新的广场，广场为街区的商店店主、游客和居民提供了一些便民设施。广场中有一处新的雕塑喷泉，银杏树丛环绕，还有一些园林植物与街景树。位置靠下方的广场围绕着吉姆·刘纪念拱门，位置靠上方的广场是一系列或明或暗的空间，这些空间被一条长长的蜿蜒曲折的标志性红色休闲长椅所连接。上下两个广场在黑色花岗石雕成的喷泉和广场台阶处相连。

帕克洛大街与且林广场项目将从后"9.11"时代的安全要求出发，开发出新的城市设计机会。

打孔钢制作的长椅的 3D 形态研究

从空中俯瞰帕克洛大街 / 且林广场

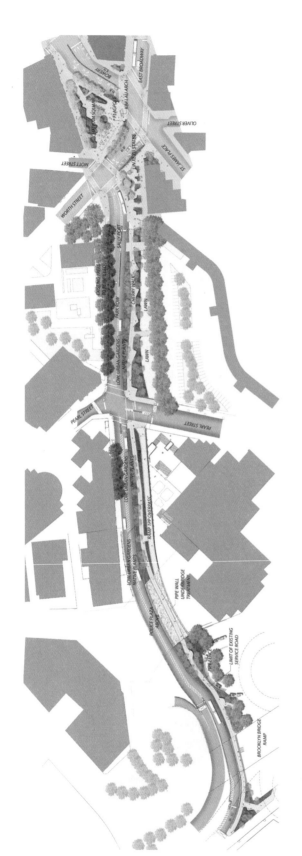

帕克洛大街和且林广场项目最终方案示意图

从帕克洛大街看向市政厅的视角

看向警察广场隧道的视角

通往警察广场的人行天桥

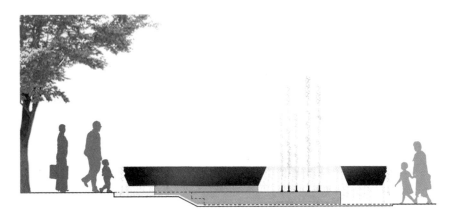

且林广场喷泉的截面图

>> 潘兴广场 (PERSHING SQUARE)

> 地址：曼哈顿，公园大道，第 41 街与第 42 街之间
> 设计机构：URS 公司，昆内尔·罗斯柴尔德合作事务所（URS CORPORATION，with Quennell Rothschild and Partners）
> 管理机构：纽约市交通局，2015 年

潘兴广场的重建项目将在纽约市最具活力的运输与零售中心旁边创造一个极具吸引力的公共聚集场所，为这里的城市景观增添亮丽的一笔。这个项目将永久性地关闭广场区域的机动车交通，创建一个行人专用的广场，广场将配备树木与绿植、可移动的桌椅、休闲长椅、照明设施和其他一些公共便民设施。这个新的广场还包括了一个户外用餐露台，这个露台是为毗邻的潘兴广场餐厅而设置的。

设计师进行了一系列的设计研究工作，力图吸纳附近社区民众对于这个项目的意见，以此来推动这个项目的进展。用于广场建设的材料，比如青铜栏杆和以花岗石为主的场地材料等，其选择依据都是以它们是否能够呼应广场旁边极具历史感的纽约中央车站大楼来作为标准的。广场的设计也采用了许多可持续的设计元素，例如雨水花园的设计，就能够很好地吸收这片场地上大部分的径流。

这个项目需要同公园与娱乐管理局、环境保护局、文化事务局、公共设计委员会、城市交通管理局、5 号社区委员会以及最终为这块场地提供维护和规划的中央火车站合营公司（the Grand Central Partnership）等机构合作。

看向中央车站视角的新广场效果图

从中央车站看向新广场视角的效果图

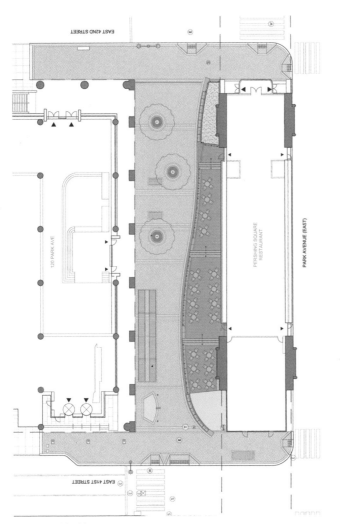

新广场场地规划图

从现有的广场看向纽约中央车站和第 42 街

罗伯托·克莱门特广场（ROBERTO CLEM-ENTE PLAZA)

> 地址：布朗克斯区，威利斯大道与第 149 街
> 设计机构：加里森建筑师事务所（GARRISON ARCHITECTS)
> 公共艺术百分比设计：蒂姆·罗林斯（Tim Rollins）和 K.O.S.
> 管理机构：纽约市交通局，2015 年

罗伯托·克莱门特广场是一个建筑物密集、交通繁忙的区域。它有点像一个小型的时代广场，是布朗克斯区居民主要的购物区。

为了复兴这个区域，设计师利用一条蜿蜒的、边缘为长椅的石头种植带来连接公交通勤等候区和上下车载客区，并形成一个以石板喷泉为中心，开放的、可灵活使用的广场。种植带的几何形态和喷泉的布局在广场内创造出了一种多样化的座椅区域，比如有一个放置了咖啡桌椅，方便人群聚集的开放区域和几个经过巧妙设计的，便于行人进行亲密交流的座椅空间。而喷泉的设计，除了可以作为喷泉而存在，就算在没有水的时候，喷泉的平板台面

从第 149 街和第三大道
鸟瞰广场

也依然可以作为公共活动的舞台。贯穿于种植带中便捷的小径可供在此徘徊的乘客随机地参与到广场活动中来，这些小径就像是为广场上的人群设置的一道过滤网，能够在不削减这个交通枢纽活力的情况下有效地阻隔外面的交通与噪声。

这个造价 5 百万美元的项目有着许多的可持续设计细节，这个项目的建设遵循了纽约市设计与建造局和交通局制定的高性能建筑标准，威利斯大道

广场内部鸟瞰图

的中央隔离带是一个生态滞留沼泽，可以容纳雨水径流。种植带同样
也是作为雨水滞留区域而存在，不仅可以容纳径流还可以减少灌溉植
物所需的水资源。反光地面降低了热岛效应，耐受性强、使用寿命长
的材料也将广场的维护成本降到最低。不太需要精心维护的本地植物
和树木可吸收噪声和空气污染物，并且能够同时为野生动物提供一个
栖息地。

剖面示意图

场地情况示意图

从第 45 街看向百老汇大街南面的鸟瞰图

时代广场 (TIMES SQUARE)

> 地址：曼哈顿，百老汇大街与第七大道位于第 42 街与第 47 街区间段

> 设计机构：斯诺赫塔建筑事务所（SNØHETTA）；维德林格尔联营公司（WEIDLINGER ASSOCIATES）

> 管理机构：纽约市交通局，2015 年

一直以来，时代广场都是娱乐、文化和城市生活的标杆，但随着年岁日久，广场街道和人行道的设施条件和运行状况都有了不同程度的退化。

在 2009 年，纽约市交通局实施的"市中心绿色灯光"试点工程项目通过采用临时地面铺设和增加街道设施的方法来关闭百老汇大街位于第 42 街和第 47 街之间路段的机动交通，这一举措的初衷是为了提升这一区域的安全性以及缓解交通状况，但随着这一举措在营造行人公共空间方面所取得的巨大成功，交通局决定永久性地从以下三个目标出发来重新打造时代广场：①升级重要的基础设施；②为各种新的以及规模盛大的公共活动提供基础设施；③不断改进 2009 年实施的试点工程项目。这个项目的实施区域范围形似蝴蝶结，以百老汇大街和第七大道位

广场长椅布局方案示意图

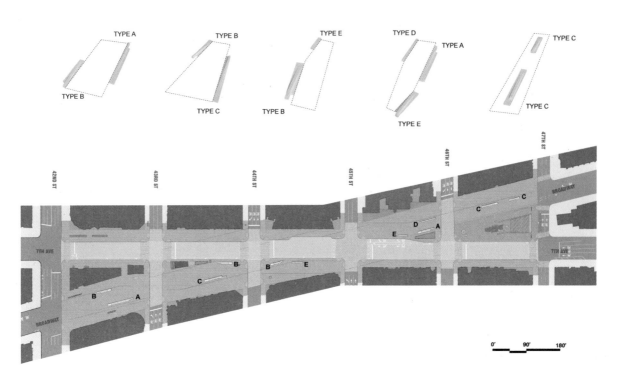

地面铺设的实物模型

于第 42 街与第 47 街之间的路段为边界，构成了时代广场剧院区的中心。这个项目将对时代广场上多年未曾进行过结构性维修的道路进行全面的重建，同时对地下基础设施进行翻新，包括安装新的总水管和污水管。

斯诺赫塔建筑事务所针对这一步行广场区域的设计灵感来自于时代广场厚重的过去以及其丰富的娱乐历史——这种二元特质从大的设计概念和小的设计细节两方面影响着时代广场的重建。斯诺赫塔建筑事务所的联合创始人克雷格·代克尔斯（Craig Dykers）说："我们的目标是为游人和本地居民、行人和自行车骑行者提升这片历史区域的质感和氛围，同时减少机动车交通的干扰，以便这个'宇宙的中心'在重新进行地面铺设的时候仍然能拥有清晰的边界。"

因此，事务所为广场设计了整齐的人行区域和形式连贯的外观，强化了这个蝴蝶结区域作为户外平台的角色。水泥预制件铺成的简单干净的地面为这块空间创造了一个稳重的背景，让时代广场

白天的时代广场

上的各种商业元素更加闪耀。

这个区域的地面铺设嵌入了五美分硬币大小的光盘来映衬和反射广场上方各种标志所散发出来的霓虹灯光，并将其发散在整个地面，看起来十分有趣。另外，为了简化地面元素，设计师将人行道和街道上的可移动元素和固定元素进行了合并。斯诺赫塔建筑事务所在对这个广场区域的再设计过程中还关注并解决了一些实际问题，比如污水的排放、广场的维护以及广场运行的灵活性等。

十条沿着百老汇大街排布的花岗石长椅构成了这个公共广场的基本框架，这些长椅对于行人来说就像磁铁一样具有吸引力，它们为公共活动的举办创造了最基础的设施架构，为游客和本地民众提供了清晰的方向指引。嵌入在花岗石条椅中的新能源设施和广播设备将有助于减少柴油发电机的使用，同时也便于在广场上举办的各类公共活动进行快速高效地组织和收场。

公园/娱乐设施

俯瞰图，露天剧场在公园中的位置

» 阿塞·利维公园露天剧院（ASSER LEVY PARK AMPHITHEATER）

> 地址：布鲁克林区，海风大道 302 号
> 设计机构：格雷姆肖建筑师事务所（GRIMSHAW）
> 管理机构：公园与娱乐管理局，无具体日期

　　这个露天剧院位于全年开放的面积为九英亩的阿塞·利维公园中，日常使用这个公园的人群包括老年人及其看护人员，出来遛孙儿的爷爷奶奶，使用运动场的少年儿童，偶尔来这里慢跑的人、晨练的人以及间或经过的路人。剧院有 8000 个座椅，是一个通用型的露天剧院。该剧院是针对科尼岛海滨社区著名游乐场的重点修复计划的其中一个部分。剧院的音乐舞台和表演空间是通往阿塞·利维公园的入口也是这片区域的标志性象征。建造这个露天剧院的目的是为了给各种级别的艺术家们提供一个娱乐表演的场所，以此吸引演奏会经纪人们将更多的乐队和艺术家带到科尼岛来。

剧场夜晚演出的内部效果图

在演出淡季，有许多原本的座位区恢复到正常的公园使用中来，例如变成对游客开放的溜冰场

露天广场的夜间正面图

　　阿塞·利维公园的露天剧院建设项目旨在建成一个能够容纳不同表演类型和表演规模的剧院。灵活的座椅区域设置可以适应全年当中不同类型的表演对座椅的需求，在演出的淡季，多数的座椅区会转变为公园用地，恢复到日常的公园使用中，因此对座椅区域的设计要求能够灵活易变。

　　经过对科尼岛的一番深入调研，设计师在所有可行的地方都采用了可持续的设计实践。具体策略包括生态栖息地修复，屋顶绿化以及使用环境友好型材料。对这个大型开放空间以及现有的公园用地的保护与修复将能够为这一区域的文化和生态功能起到更长久的支撑作用。

阿塞·利维公园露天剧院的建议方案，为不同类型和规模的表演提供场地，座椅区的设计保有最大限度的灵活性，可以使其在全年适应不同的用途和表演

游人可以在剧院附近的公园球场上玩耍和放松

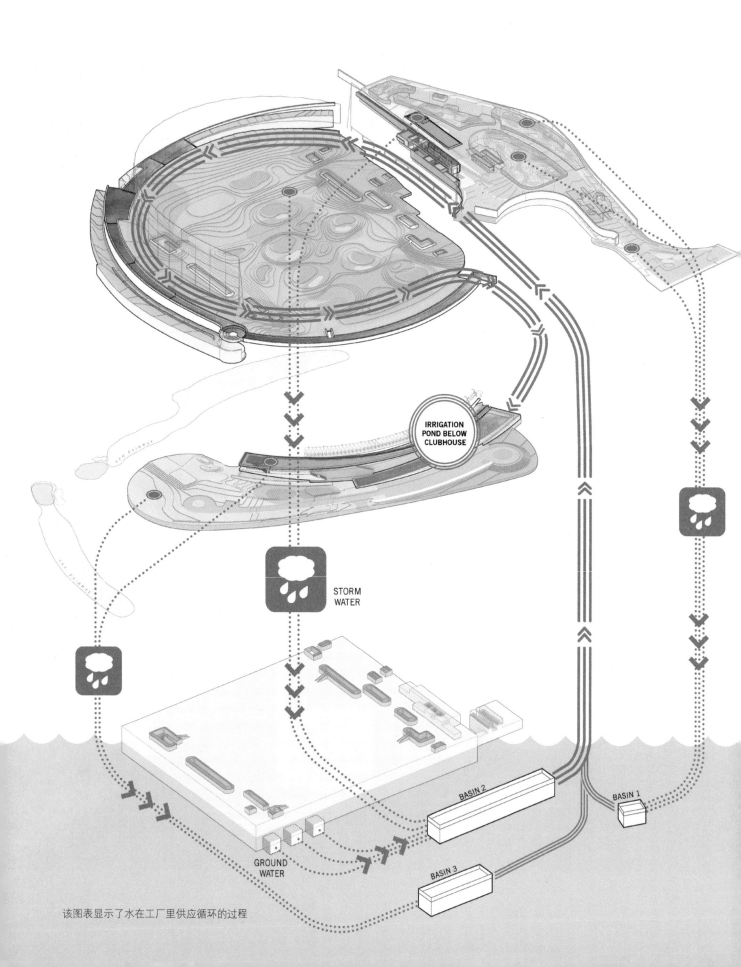

IRRIGATION
POND BELOW
CLUBHOUSE

STORM
WATER

GROUND
WATER

BASIN 1

BASIN 2

BASIN 3

该图表显示了水在工厂里供应循环的过程

≫ 巴豆水过滤厂／高尔夫球场和俱乐部 (CROTON WATER FILTRATION PLANT/DRIVING RANGE AND CLUBHOUSE)

> 地址：布鲁克林区，杰罗姆大道 3651 号
> 设计机构：格雷姆肖建筑师事务所（GRIMSHAW）
> 管理机构：纽约市公园与娱乐管理局，纽约市环境保护局，2017 年

如何在隶属于纽约市环境保护局的地下巴豆水过滤厂和其地面 32 英亩的公共空间之间寻求复杂的平衡是这个设计项目的核心所在。格雷姆肖建筑师事务所的建筑师们通过将周围怡人的自然环境纳入进来的方式为公园与娱乐管理局的新高尔夫练习场和水过滤厂的顶部建筑创造出了一个统一的、可持续的场所。

水过滤厂的顶部将覆盖绿地，并将其建造成一个公共的高尔夫球场

高尔夫俱乐部会所为练习场地提
供了相关的设施

水决定了这个区域的规划以及建筑设计策略。雨水和地下水被收集起来并通过景观干预和场地规划来重新对这些水资源进行分配，并利用生态湿地和沟渠对水流进行引导，使其汇聚到收集池和过滤点。所有的地表水都是在地球引力作用下自然流动，没有借助于任何管道，抽水机和水阀的作用。集水池取代了不够美观的围栏，充当了保护和隔离工厂的角色。

区域规划

这张地图很好地表明了巴豆水域相对于水过滤厂的位置

≫ 葛楚德·埃德勒娱乐中心 (GERTRUDE EDERLE RECREATION CENTER)

> 地址：曼哈顿，西 60 街 232 号
> 设计机构：贝尔蒙特·弗里曼建筑师事务所，巴格曼·亨得利原型设计公司，联协建筑师事务所（BELMONT FREEMAN ARCHITECTS，Bargmann Hendrie + Archetype，Inc.，Associated Architects）
> 管理机构：纽约市公园与娱乐管理局，2013 年

　　葛楚德·埃德勒娱乐中心（前身为第 59 街娱乐中心）建设项目所承担的内容包括对一个 1906 年建造的公共浴室进行修复，并在这一基础上进行 10500 平方英尺（1 平方英尺 =0.0930 平方米）的扩建。该项目将会使这个为社区服务了一个多世纪的公共设施焕发新的生机。

　　这个中心从一开始就是这个社区的重要资源，最初是出于公共卫生和娱乐休闲的考虑，为周围住宅区的工人阶层服务的一个公共浴室，这些年来，这个中心为社区一批又一批的居民提供了享受室内和户外休闲的机会。这个修复和扩建项目对于公共设施的改进满足了 21 世纪社区居民的实际需求，为纽约市公园娱乐局实施低成本健康生活计划提供了可能的途径。

大楼北立面

大楼东立面

　　我们对这个公共浴室进行了全面的修复，将里面的室内游泳池和健身房进行了修整和翻新，并新建了一个多功能社区活动室和遍布整个空间的水电管道及空调通风系统。扩建的部分包括设置新的更衣储藏室，一个青少年活动中心，一个计算机机房，一个有氧运动活动室，一个健身中心，一个攀岩房以及为新近被美化过的运动场而建的公共厕所。

剖面图

大楼北立面

SOMETIMES YOU WIN, SOMETIMES YOU LOSE, SOMETIMES IT RAINS.

这句略显怪诞的标语表示出了这片场地过去的中心位置。旧体育场的一部分外墙被放置在公园内，作为背景存在于这个新的联盟场地内

⟫ 麦康柏斯 · 丹公园 (MACOMBS DAM PARK)

> 地址：布朗克斯区，第 157 街与第 161 街之间，从大河路到鲁伯特广场
> 设计机构：斯坦泰克建筑事务所（STANTEC），托马斯·巴尔斯利联合公司（THOMAS BALSLEY ASSOCIATES）
> 管理机构：纽约市经济发展公司，纽约市公园与娱乐管理局，2012 年

针对这个 13 英亩公园的设计，其重点在于三个专用的球场以及一个多功能的活动空间，这些部分与鲁伯特广场相邻，中间被层层的景观带隔开

对于棒球迷们来说，洋基体育场是一个圣地，长期以来，它都是作为布朗克斯区的地标而存在的。在后院的标志性场地之外，体育场周围的街区鲜有这样高质量的休闲场所。当洋基队获得了在这里建造一个新体育场的准许时，曾对周围社区做出过承诺，他们要做的，不仅仅只是给这一块公园用地赋予新的用途与功能，而是要做更多，包括设置新的便利设施以及对这些新设施的长期维护。

针对这个占地 13 英亩的公园的设计主要包括三个球场以及一个多功能的活动场地。球场与活动场地被层层形式丰富的景观带所包围，因此形成了许多便于游客和球赛观众集会的正式或非正式的聚集空间。鲁伯特广场连接起了整个公园，以一种连贯的、无缝的、直观的和完全可达的方式连接起了麦康柏斯·丹公园的地面和屋顶部分。广场及其步行区域都可以直接抵达公园的所有主要场地和元素，比如充满活力的运动场，水景乐园以及新建的体育馆和公共交通设施。在公园周围有不少鲜明又细微的设计，都在向过去的老体育馆致意。

　　将这片区域的文化历史整合到整个公园的设计当中，这对这个新的公园有着十分重大的意义。这个项目的最终目的并非将建设焦点放在纽约的洋基球场，而是重在反映这一区域的历史，并通过对历史的纪念和再现，让附近居民在心中生发出自豪感。体现历史的具体设计包括：两条来自旧体育馆的栏版，

鲁伯特广场

倾斜的人行步道以及滑雪小山共同为这个公园体育场创造了一个细微而顺畅的坡度

公园里到处都有根据游客们的留言定制的标牌，这些标牌上的文字在诉说着旧体育场过去的历史

为了纪念这个地方丰富的历史，49 块雕刻记录着体育、娱乐、公民文化等方面重大事件和人物的花岗石被嵌进了六边形的地砖当中

　　别具特色的纪念牌，一系列可以看到 3D 版历史影像的取景窗，主棒球场上有一片不影响球场日常活动的区域，这块区域的草坪上覆盖了让人难忘的图案，这些图案淡淡地描绘出了旧体育馆的所在位置轮廓。

　　这个项目的建设团队将这块区域的海拔高度提升了 5 英尺，以便地面以下能够滞留雨水，抬高地面所用的材料来自于本地的另一个项目工程，这些材料的填充一方面为这片区域的改造提供了一个坚实的基底层，另一方面为这片区域与周边路网进行更好地衔接提供了可能。

　　麦康柏斯·丹公园通过新旧体育馆不同外墙所表征出的体育历史来定义这整个区域，但同时又让这个区域的设计与氛围不仅仅拘泥于体育历史，而是在包含与体现的过程中又超脱于其辉煌的体育史。

≫ 洛克威海滩 (ROCKAWAY BEACH)

> 地址：皇后区，海滩第 86 街、第 97 街和第 106 街
> 设计机构：迈凯轮工程小组（MCLAREN ENGINEERING GROUP）；塞捷与库姆设计师事务所（SAGE AND COOMBE ARCHITECTS）；马休斯·尼尔森景观设计师事务所（Mathews Nielsen，Landscape Architects）；五角设计联盟的平面设计师们（Pentagram，Graphic Designers）
> 管理机构：纽约市公园与娱乐管理局，2013 年

飓风过后，从第 97 街到第 86 街看到的景致，显露了连贯性和可见度方面的问题

　　2012 年 12 月份，在遭遇了飓风桑迪大范围的破坏之后，这支设计团队开发了一系列被抬高的平台或者说是"岛屿"，使它们与从前的木板人行通道处于同一海拔高度，以便游人能够方便地来往于街道和海滩。每一个"岛屿"都配备有户外淋浴、遮阳棚以及通达特许设施的通道。

　　这个项目包括海滩第 86 街、第 97 街和第 106 街这三个主要改造区域，以及海滩第 116 街这个次要改造区域。规划区域长度超过 1.5 英里，建筑师们力图在修复便利设施的同时在这些区域之间创造一个视觉上的连接，而这并非仅仅只是借助于人行木板通道之间的连接所能够达到的。该项目的设计建造从构思到完成仅仅用了五个月时间。

　　在飓风中幸存下来的部分设施被保留在了其本来的海拔高度，原来木板人行通道的支撑桩也维持原貌，裸露在外，用它们来加固沙丘。有两条坡道引导着游客通往各个岛屿，其中一条坡道始于街边，另一条坡道始于海滩。靠近海滩的坡道通过一层层的台阶与沙滩相连，为游客们休息和观看海景提供了一个类似剧场的设置。

　　这里的每一个设施都进行过视觉上的包装，这些包装元素上都带有一个洛克威海滩的区域地图，这些视觉元素和地图为游客们沿着海滨徜徉提供了方向上的指引。

▲ 海滩第 86 街木板通道的海拔高度
▼ 从沿海大道看向海滩第 106 街的景致

海滩第 106 街的海滨座椅，用回收的旧木板通道的板材制成。

SHORE FRONT PARKWAY

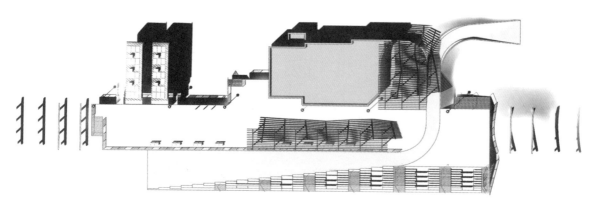

平面图展示了洛克威海滩的修复区域规划和相关问题　　**BEACH**

海滩第 86 街

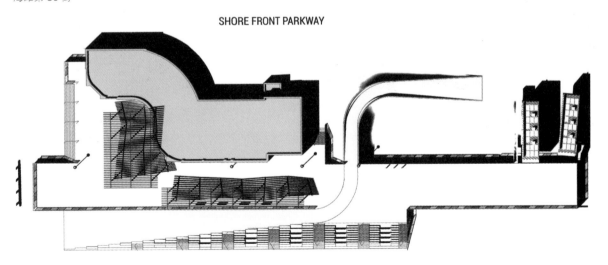

SHORE FRONT PARKWAY

BEACH

从木板人行道看向科尼岛的公共厕所

》 纽约城市模块化海滨建筑（MODULAR BEACH STRUCTURES）

> 地址：布鲁克林区，科尼岛洛克威海滩（皇后区）的 35 座模块化建筑
> 设计机构：加里森建筑师事务所（GARRISON ARCHITECTS）
> 管理机构：纽约市公园与娱乐管理局，2013 年

海滨建筑模块

飓风桑迪摧毁了纽约市的大多数海滩，在被飓风侵袭之后到 2013 年美军阵亡将士纪念日之间的七个月内，市政部门对海岸进行了重建。加里森建筑师事务所在这个项目中的贡献是设计了这些位于 500 年来最高洪水位以上的、可快速建成、恢复力强且可持续的公共厕所和救生站。

为了能够在如此短暂紧凑的时间内完成设计和建造的任务，所有这些建筑都被设计成了模块化结构，可以在工厂进行装配，地基和公用设施在海滩上进行安装。这些建筑是成对设计的，每两个建筑体之间以及建筑下方都留有空隙，以便游人观赏沙滩和天空景致的视线不被遮挡。

该建筑项目使用了一套完整的可持续设计方法，包括采用狭窄的建筑侧立面、双层外表面，连续的天窗为建筑内部提供了充足的自然光照和良好通风，屋顶的太阳能光板为房屋补充所需能源，房体还采用了特殊的不锈钢合金，来防止空气中的盐雾腐蚀。

▲ 架在雨水花园上方的木板步行道，可以将游客引向该中心新的主入口

▼ 这个区域的水槽系统完全显露在外，沿着这条步行道通往该中心的第二入口

≫ 奥尔姆斯特德中心（OLMSTED CENTER）

> 地址：皇后区，罗斯福大道 117-02 号，法拉盛草原可乐娜公园内
> 设计机构：BKSK 建筑师事务所
> 管理机构：公园与娱乐管理局，2014 年

　　奥尔姆斯特德中心的修复和扩建项目对于实施具有创新性和先锋意味的可持续设计策略来说，是一个难得的好机会。该中心现有的设施还是 1964 到 1965 年在作为世博会行政中心期间，由建筑师斯基德莫尔（Skidmore）、奥因斯（Owings）以及梅里尔（Merrill）设计的预制结构。后来被纽约市公园与娱乐管理局资本项目部沿用。尽管该中心的所在位置比联邦紧急事务管理局划定的百年河漫滩还要低四英尺，但该机构想要保留中心原址以及拓展更多空间的愿望引发了大家在解决水流上升这个问题上雄心勃勃的努力（飓风桑迪之后，这块区域被洪水浸没）。设计团队致力于让这个作品获得美国绿色建筑设计协会认证的绿色能源与环境设计先锋奖（以下简称 LEED），为了达成可持续设计的目标，设计师们需要在体现整个排水系统建筑物美感的同时更广泛地运用防洪策略。因此，一个结构化的自然景观网络应运而生。这个自然景观网络包括以雨水花园形式呈现的湿地滞洪区，一个用来传输、处理和展示遍布此区域内的雨水径流的被抬高的水槽系统。同时，新拓展的一万平方英尺的区域被抬高到河漫滩以上的位置，该区域的建筑设计遵循了 1964 年的建筑结构，将裸露在外的钢结构作为建筑外立面的一部分。这个新的行政中心一旦建成，它将成为纽约市公园与娱乐管理局作为城市公园绿地管理者的角色象征。

新的防洪策略对这片区域的影响分别通过采用新的防洪策略之前（左）和之后（右）的两张雨水图展示了出来

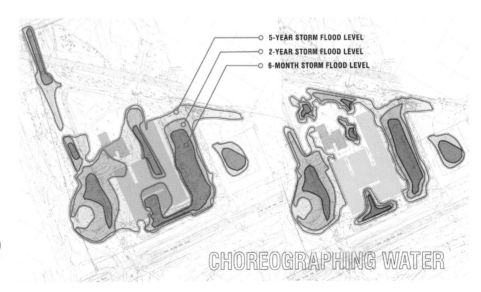

西哈雷姆码头和公园

西哈雷姆码头和公园 (WEST HARLEM PIERS AND PARK)

> 地址：曼哈顿，沿哈德逊河第 129 街与第 133 街之间

> 设计机构：W 建筑与景观设计事务所（W ARCHITECTURE AND LANDSCAPE ARCHITECTURE）

> 管理机构：纽约市经济开发公司，2008 年

哈德逊河景观

一个占地 69000 平方英尺的狭窄停车场被创造性地扩展成了一个占地 105526 平方英尺的公园，这个项目以一种可持续的和极具意义的方式重新定义了这个城市和哈德逊河之间的界限。

这块沿着哈德逊河的场地还不足一个网球场宽，被邻近的交通和上方的高速公路将其从社区切断，这个通往哈德逊河的入口在历史上是一个位于崖壁之间的天然河湾，近年来成为一个工业港口，再后来，这里被修建成了一个有围栏的停车场。

该项目在最初设计建造时，设计团队与一支强有力的社区参与者队伍紧密合作，举行了一系列的公开会议，广泛征求社区居民的意见，这一举措使得最终制定的项目总体规划充分考虑并遵循了邻近 40 个街区的意愿和需求。设计项目的第一阶段任务是西哈雷姆码头和公园的基本建造，主要包括改造毗邻道路，提升人行通道的设计，建造新的社区码头以及停车场的重新设计。

树立着纳里·瓦尔德雕塑作品的林地

码头和公园的夜景

码头和公园的日间景象

针对这个码头的改造摒弃了传统的结构形式，采用了沙洲模式，同时还提供了丰富多彩的与水相关的活动条件，比如垂钓、观光游船以及综合娱乐休闲。山地植物的种植创造出了两种生态：一种是以混合落叶乔木、低矮的林下植被以及多年生地被植物为主的林地，另一种是以沿300英尺长海滨生长的色彩缤纷的多年生海滨植物为特色的河湾，这些植物被种植在公园的任意一端以及一片倾斜的草坪处。公园边缘有一条自行车道，这条狭窄的边缘道路连同新的人行道一起将街道和社区的其他部分连接起来。

　　这个项目在实施过程中采用阶段施工法，在不干扰交通流量的前提下将邻近的高速公路变窄。码头和机动车道的建设是该项目的第一阶段，而山地植物的种植是完成整个公园建设的第二阶段。

跳跃着的宝石喷泉

文化
设施

» 博物馆／剧院／艺术馆

» 图书馆

纽约是世界闻名的文化中心,但是当有人问起纽约能够带给你什么的时候,大多数人想到的还只是曼哈顿的那些主要区域中的高楼大厦。然而,近几十年来,大部分的博物馆、图书馆和剧院在纽约市的其他几个区拔地而起。它们之中有许多都是用于特定目的,专门为附近社区或者特殊种族群体服务的。类似的具体例子有哈雷姆画室博物馆,位于曼哈顿上城的巴里奥博物馆以及布鲁克林区的维克维尔文化遗产中心。

在皇后区,许多位于世博会旧址的博物馆和其他一些文化中心最近也被重新设计与扩建,这其中包括位于法拉盛草原可乐娜公园里的皇后剧院,纽约科学馆以及皇后区艺术博物馆。在皇后区的西缘地带被重新设计的博物馆有移动影像博物馆,在长岛市有野口勇博物馆,在现代艺术博物馆 PS1 馆新设立了一个入口亭。斯塔滕岛动物园也新建了一些建筑,里士满古镇和斯纳格港也增加了新的公共设施。

对于一个现代城市来说,公共图书馆是其至关重要的一个部分。而图书馆建筑也成了文化架构的一部分,不仅如此,在非商业性公共空间势弱的时代,图书馆还更以社区中心的角色而存在着。在曼哈顿、布朗克斯区和斯塔滕岛上的图书馆是整个纽约公共图书馆的一部分,布鲁克林区因为在 1898 年之前都是一个独立的城市,所以和皇后区一样,它有自己庞大而令人印象深刻的图书馆体系。

在这三个独立的图书馆体系中,有超过 200 多个图书馆分馆,覆盖了这个城市的每一个区域和每一个街区。这些图书馆当中,有超过 60 个分馆是在 20 世纪 10 年代早期,安德鲁·卡耐基作为捐献给纽约的礼物而建造的。

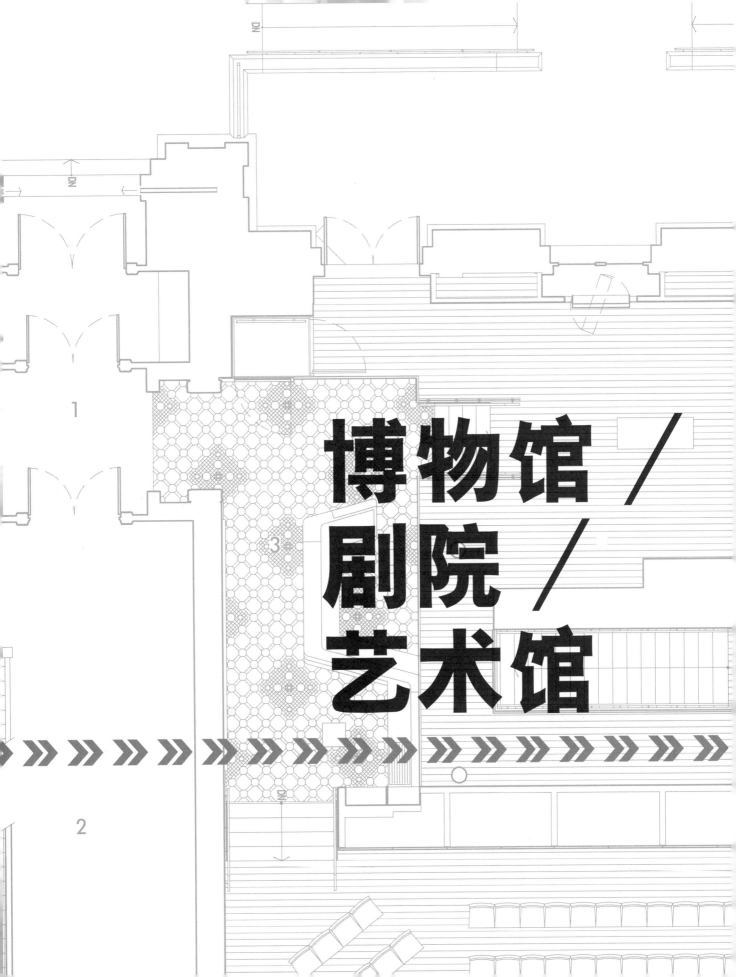

博物馆 /
剧院 /
艺术馆

» 布里克媒体艺术馆与城市玻璃工坊 (BRIC ARTS MEDIA AND URBANGLASS)

> 地址：布鲁克林区，福尔顿街 647 号
> 设计机构：利塞建筑事务所（LEESER ARCHITECTURE）
> 管理机构：纽约市文化事务局，布鲁克林公共图书馆，2013 年

这次的改造项目将一个原先没有得到充分利用的杂耍剧院变成了一个用于数字媒体和艺术探索的中心。这座重新设计的大楼将配备新型的表演剧场、电视录音棚、画廊、教室、行政办公空间以及为布里克媒体艺术馆和城市玻璃工坊这两个艺术组织而配备的玻璃吹制设备。

该剧院位于纽约众多新兴文化中心的其中一个——布鲁克林音乐学院文化区内，这个位置给该项目的设计带来了很大影响，项目的最主要目标是让这座始建于 1918 年的剧院对街道开放，这意味着将对这座建筑进行作为一个文化机构的品牌再造。

在整个设计过程中，利塞建筑事务所与这两个艺术机构合作，共同创造了一个可以满足复杂、特殊的项目需求的统一空间。在这个占地 61000平方英尺的建筑的外立面上，这两个机构都设计了视觉化的呈现效果，可以让行人很直观地看到屋内独特的创作过程。从街面上可以看到布里克媒体艺术馆内电视录音棚里的一切，这感觉就和在大楼里面看电视录音棚一样，能够通过这种视觉化呈现的方式来指导学生以及吸引访客。除了将传统上隐藏于室内的创作过程以一种视觉互动的方式呈现出来以外，整个空间的基础架构设计灵活多变，可以适应客户需求的增长与改变。这个拥有250 个座位的表演剧场能够承办从舞蹈到摇滚音乐会等各种类型的表演。

该项目于 2010 年获得了由纽约市公共设计委员会颁发的卓越设计奖。

建筑的正面外观成了一种引人入胜又便利的公共设施

室内舞台效果

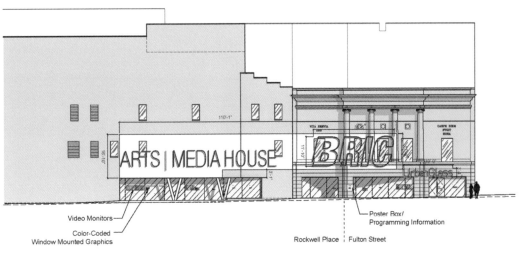

Video Monitors

Color-Coded
Window Mounted Graphics

Poster Box/
Programming Information

Rockwell Place | Fulton Street

正面图

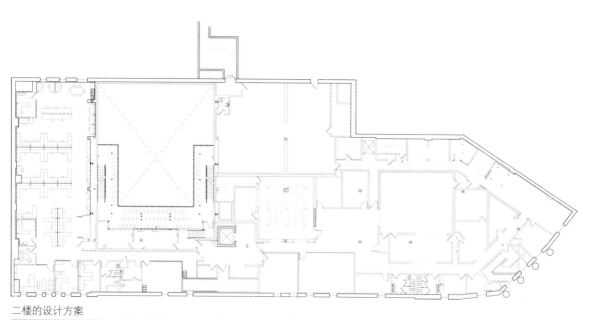

二楼的设计方案

在大厅里能够看到电视录音棚

剧场的设计极具灵活性，它同时也作为教学工具，为包括学生、本地表演团体或者是音乐表演团体在内的不同使用者提供表演和教学的舞台

一楼正面外观的设计是为了增强位于楼内两个艺术机构的可见度和可达性

从高架地铁站台上看布朗克斯河艺术中心

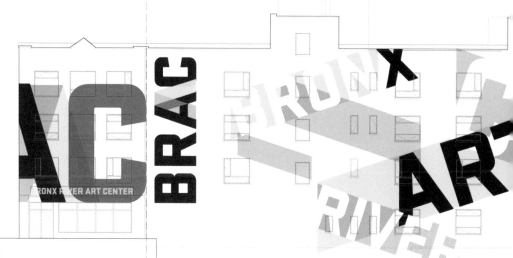

布朗克斯河艺术中心——正面展开图

≫ 布朗克斯河艺术中心（BRONX RIVER ART CENTER）

> 地址：布朗克斯区，东翠蒙特大道 1087 号

> 设计机构：塞捷与库姆建筑师事务所（SAGE AND COOMBE ARCHITECTS）

> 管理机构：纽约市文化事务局，2015 年

　　布朗克斯河艺术中心占用了过去的一座四层仓库，毗邻新近改造的布朗克斯河绿道，该中心的任务很明确：在环境管理框架下培育艺术教育。以此作为设计灵感，塞捷与库姆建筑师事务所开发了一种可以兼顾的环境和建筑策略。为了达到环境保护的要求，该项目怀着取得 LEED 银级认证的目标在美国绿色建筑协会进行了注册。

　　此次设计的对象包括光线明亮的教学工作室（classroom studios），一个媒体实验室，一个陶瓷工作室和几个多功能教室。职员办公室被安排在这些开放式课堂的对面，以便监督管理以及营造团队感。工作室和办公室对外出租，并以此收入来维护这个机构的正常运营。在一楼，用于举办公共事务的空间通往花园和布朗克斯河，公共美术馆面朝翠蒙特大道，是布朗克斯河艺术中心最显眼的部分，也是该中心与它所服务的社区之间最紧密的连接。

　　布朗克斯河艺术中心所处的位置无论是从翠蒙特大道还是河边绿道还是从环绕这个区域的高架地铁上看过去，都具有很高的可见度，为了充分利用这一优势，设计师们将在整座建筑的外立面上包覆一层超大的视觉图形，用以凸显该中心的所在和其用途。

　　这个项目获得了 2011 年由美国建筑师协会颁发的未建成建筑设计荣誉奖（AIA MERIT Award for Unbuilt Design）以及 2010 年由纽约公共设计委员会颁发的卓越设计奖。

1. 美术馆
2. 洗手间
3. 升降电梯
4. 入口
5. 办公室
6. 工作室
7. 流通区域
8. 楼梯
9. 教室
机械装置

布朗克斯河艺术中心入口与美术馆所在楼层规划图

从布朗克斯河岸看向艺术中心

1. 美术馆
2. 洗手间
3. 升降电梯
4. 入口
5. 办公室
6. 工作室
7. 流通区域
8. 楼梯
9. 教室
机械装置

布朗克斯河艺术中心二楼规划图：办公室和教学工作室

1. 美术馆
2. 洗手间
3. 升降电梯
4. 入口
5. 办公室
6. 工作室
7. 流通区域
8. 楼梯
9. 教室
机械装置

布朗克斯河艺术中心三楼规划图：艺术家工作室

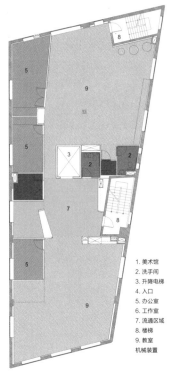

1. 美术馆
2. 洗手间
3. 升降电梯
4. 入口
5. 办公室
6. 工作室
7. 流通区域
8. 楼梯
9. 教室
机械装置

布朗克斯河艺术中心四楼规划图：教学工作室

从布鲁克林大道和圣马可大道看向博物馆

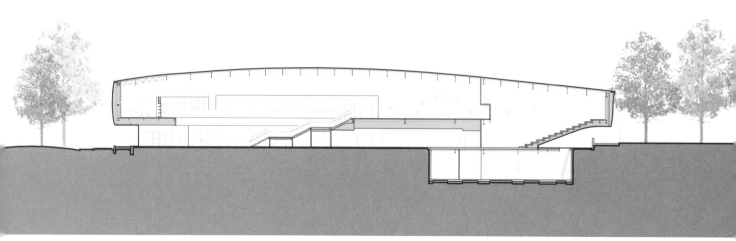

博物馆剖面图

>> 布鲁克林儿童博物馆（BROOKLYN CHIL-DREN'S MUSEUM)

> 地址：布鲁克林区，布鲁克林大道 145 号
> 设计机构：拉斐尔·维诺利建筑师事务所（RAFAEL VINOLY ARCHITECTS）
> 管理机构：纽约市文化事务局，2008 年

　　为了适应日益增加的儿童和家庭对博物馆的访问需求，布鲁克林儿童博物馆需要一个新的公共形象来烘托周围社区的活力，拉斐尔·维诺利建筑师事务所做到了这一点，其方法就是：创造一个新的，占地 56000 平方英尺的，无论是色彩还是外形都与其所处环境大不相同的建筑，但是博物馆原有的建筑结构被保留了下来。这个建筑对于小朋友来说极具亲和力，闪闪发光的黄色瓷砖覆盖的表面让这里成为皇冠高地上多种族社区中的地标。

　　该项目的设计在建于 1977 年的博物馆的基础上进行了重新配置与扩建。两层高的新馆增加了一个图书馆、展厅、一个咖啡厅和一些教室。新馆的规划设计以及位于二楼的展厅通过开放式楼梯和垂直的流通核心（vertical circulation cores）与原有的建筑结构结合在一起。有一条通道通往原来的屋顶露台和室外剧场，并将这些空间与位于二楼的儿童咖啡厅连接起来。贯穿博物馆的每个角落都有专门为儿童而做的特色设计，以此来增加对儿童的吸引力和亲切感。新增加的木质扶手被安装在较低的高度，类似邮轮的舷窗以不同的高度和角度分散点缀在楼体的黄色外立面上，增加了韵律感和趣味性。

　　布鲁克林儿童博物馆是纽约市首个获得 LEED 认证的博物馆，也是首个利用地热井来达到制热和制冷效果的博物馆。博物馆在建造过程中尽一切可能地使用具有快速再生和再利用能力的材料，以实现高性能和可持续性的结合。安装在建筑外墙上的光伏发电板将太阳能直接转化为电能，同时节能传感器控制着室内照明和通风系统。

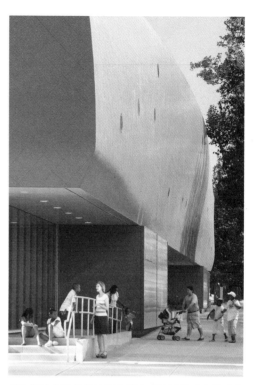

博物馆原有的屋顶露台为游客提供了玩耍、表演和用餐的场所

博物馆外立面起伏的形态和由 810 万块黄色瓷砖构成的亮丽色彩

博物馆鸟瞰图，远处的背景是纽约的天际线

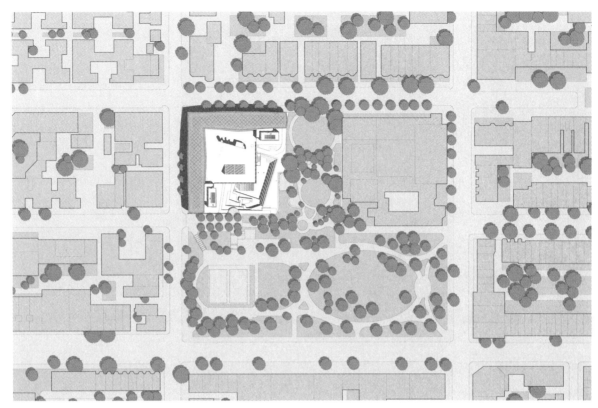

博物馆底层规划：接待处、行政办公室、主厅、教室

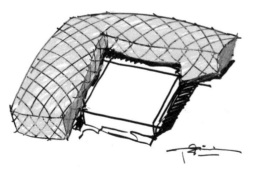

概念草图

博物馆大厅，看往楼体南翼方向。原馆的入口被改造成了一个宽敞明亮的儿童友好型空间

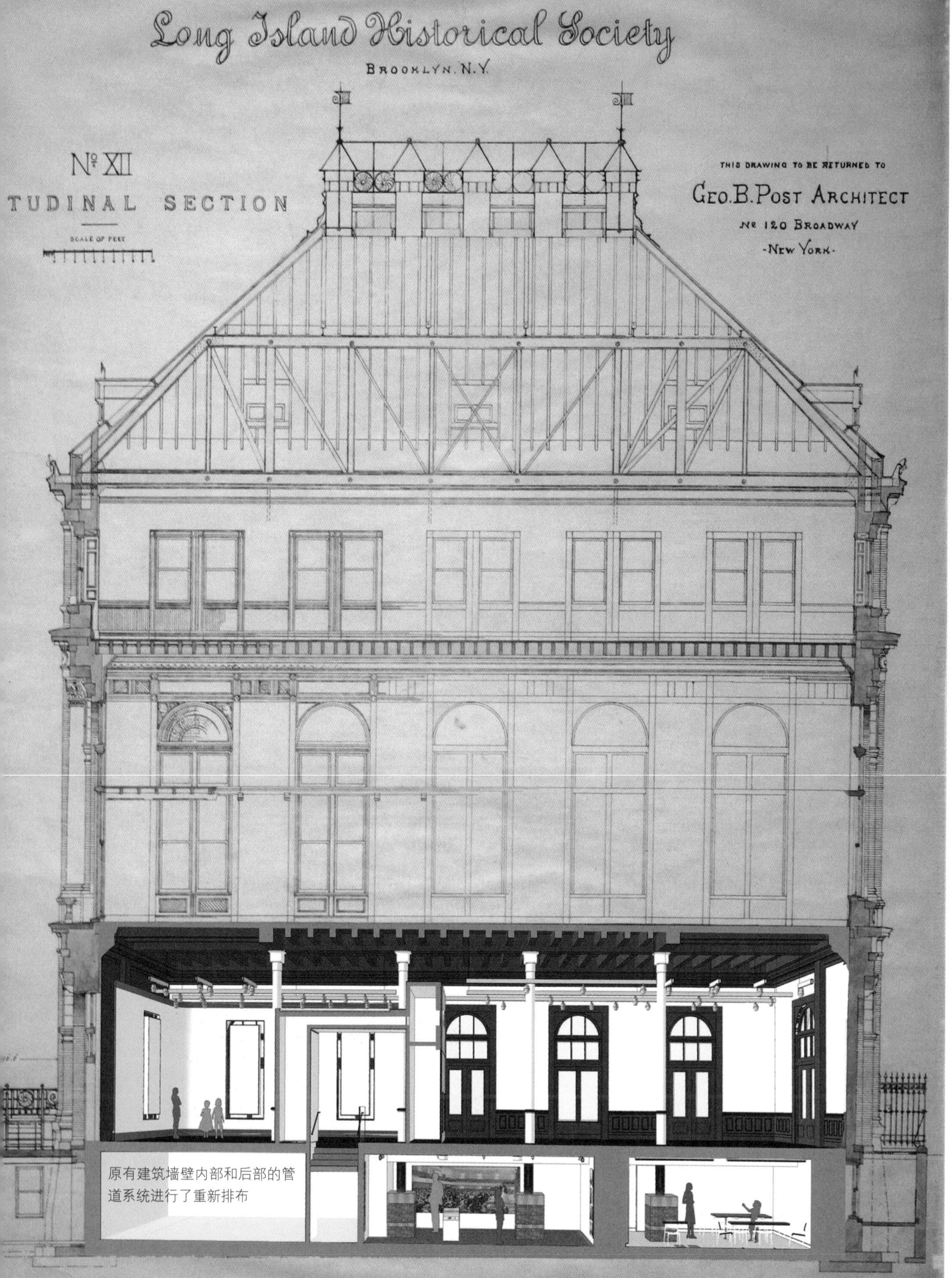
Long Island Historical Society
BROOKLYN. N.Y.
№ XII
TUDINAL SECTION
SCALE OF FEET
THIS DRAWING TO BE RETURNED TO
GEO. B. POST ARCHITECT
№ 120 BROADWAY
-NEW YORK-

原有建筑墙壁内部和后部的管道系统进行了重新排布

>> 布鲁克林历史协会 (BROOKLYN HISTOR-ICAL SOCIETY)

> 地址：布鲁克林区，皮埃尔蓬特街 128 号
> 设计机构：克里斯托夫·菲希欧建筑事务所（CHRISTOFF：FINIO ARCHITECTURE）
> 管理机构：纽约市文化事务局，2015 年

为了在这座地标性建筑内创建一个现代美术馆和活动空间，建筑师们首先将楼体的底层和地下室恢复到了其 19 世纪时候的建筑样貌。然后，新的墙面设计将过去用在墙上、地板上和顶棚板上作为装饰的木材细节凸显了出来，使其浮在墙体之外。凸浮于墙面的这一层很好地搭配了这个介于新旧两种风格之间的空间中具有各种工业时代机械风格的服务装置。新的、抽象的装饰形式——一个接待服务台，以及黑色铝制的镶嵌地板又将建筑语言拉回到了当代。

1890 年左右的建筑和现在的建筑

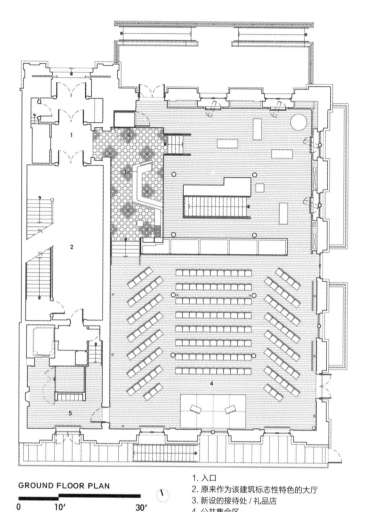

0   10'   30'

1. 入口
2. 原来作为该建筑标志性特色的大厅
3. 新设的接待处 / 礼品店
4. 公共集会区
5. 仓储 / 餐饮区

从新的接待台以及美术馆的视角看向大厅

地面一层的规划方案

位于较低楼层的教室

最初的活动室

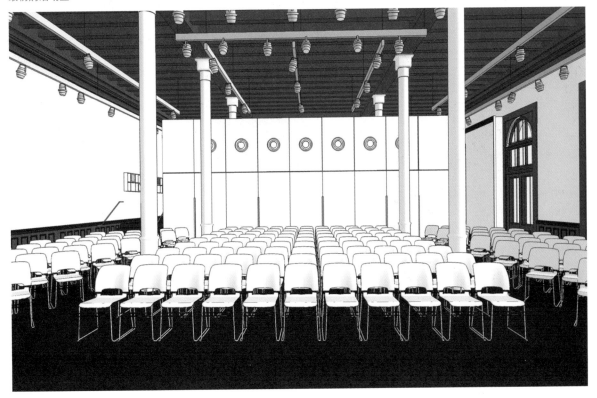

改造后的活动室

马车棚屋（CARRIAGE HOUSES）

> 地址：斯塔滕岛，阿瑟·基尔路 145 号

> 设计机构：赖斯 + 利普卡建筑师事务所（RICE+LIPKA ARCHITECTS）

> 管理机构：纽约市文化事务局，2015 年

  这个项目为斯塔滕岛历史协会的 62 辆具有历史意义的马车提供了展览和储存的空间，除此之外，还修建了一个展览馆，对一块区域进行了修复，以及为各类教育项目和教育活动设计了多用途空间。这个项目最初只有一个仅用于安置马车收藏品的 3000 平方英尺的金属建筑，在此基础上，赖斯与利普卡建筑师事务所将功能集成在了三个拱形钢架建筑上，为收藏品的安置提供了所需的 10000 平方英尺的面积。这些瓦楞拱跨的设计能够最大限度地提升建筑的储存能力。

  这些多功能房屋被精心排布，构成了可以为该协会频繁的户外活动提供场所的一系列空间。建筑的端墙被漆上鲜亮的色彩，可以用作户外活动的背景，而有顶回廊则被设计成户外活动的舞台。这将为斯塔滕岛历史协会创造一个全新的形象。

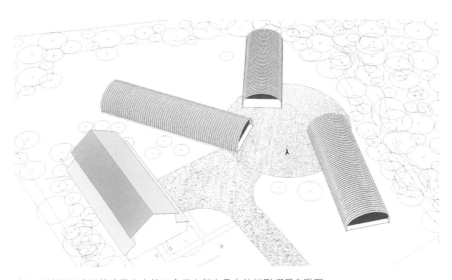

安置在铺满了碎石的院子中央的三个用来储存马车的拱形棚屋鸟瞰图

棚屋的彩色端墙

中央庭院

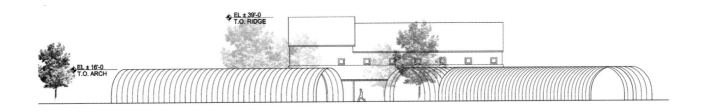

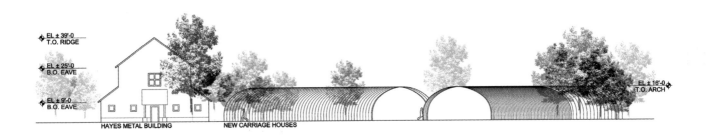

场地标高

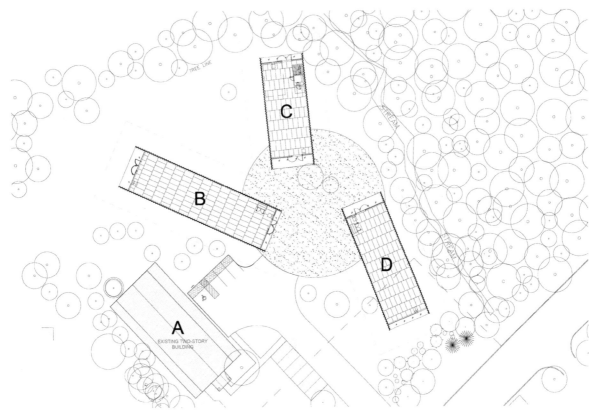

原有建筑和三个新建的拱形棚屋的总体场地规划图

临着第五大道的建筑大厅的内部细节

》 巴里奥博物馆 (EL MUSEO DEL BARRIO)

> 地址：曼哈顿，第五大道 1230 号
> 设计机构：格鲁森·萨姆顿建筑师事务所（现已部分属于 IBI 集团）
> 〔（GRUZEN SAMTON ARCHITECTS（now part of IBI Group）〕
> 管理机构：纽约市文化事务局，2010 年

    格鲁森·萨姆顿建筑师事务所为一个杰出的拉美组织做了其位于曼哈顿博物馆大道上的赫克舍儿童基金会大楼的修复工作，包括规划、设计以及提供建筑管理。为了更好地达到为该博物馆创造一个新的、开放怡人的公共面孔的目的，设计团队与客户紧密配合、共同工作，主要从庭院、大厅和展厅以及一个新增的咖啡厅入手，全面地重新思考这些设施的再设计。

    庭院最初是一个封闭的空间，在第五大道上有一个与人行道平齐的毫不起眼的铁制栅栏，构成了这个博物馆对外开放的唯一入口。设计团队对这个庭院进行了全方位的改造，使其变成了一个可

庭院内部细节

以适应各种活动的空间，从唱歌跳舞到吃饭休闲，这个空间能够满足各种活动需求，同时让到访者能够远离混乱的交通环境。庭院的地板以蓝色和米色的着色水泥为主体，搭配着粉色和黄色的不规则网格图案，五彩斑斓的地面设计构成了这个庭院最大的特色。

　　庭院东面最初的那面外砖墙已经被置换成了一面崭新的，一直延伸到西面的玻璃幕墙。这一转变极为有效地扩展了内部大厅的空间，并营造出一种错觉，让人感觉外部庭院和内部大厅是一个整体的大房间。这个新的玻璃封闭空间被称作"联结空间"，因为它连接起了面向第五大道的大厅和咖啡厅以及展厅，并让整个大厅遍布自然光线。大厅的顶部用条状榉木装饰，与"联结空间"处和外部顶棚这两个部分的金属屋顶形成了一个视觉上的对比，但大厅内新的水磨石地面却又在风格上把大厅和咖啡厅以及庭院联结在了一起。新的博物馆商店通过两扇玻璃墙壁和两扇衬木墙壁围合起来，成为大厅的一部分。另外还有一个活动式的玻璃隔断可以将这个大厅按照某些特殊活动的具体需要进行空间上的划分。

　　设计团队将这个建筑的内部空间完全打散并进行了重构，创造出新的具有现代性的空间和相关设施，具体包括展厅空间、办公空间及其他一些重要功能区域的明显改进，连同大量的照明设备、视听设备、安全设备、防火设备及电梯等设施设备进行了升级。入口处那最初由威廉·格鲁伊比（William Grueby）设计的具有装饰性的彩陶瓷砖面板被小心翼翼地移到该建筑面向第104号大街的大厅里并重新进行了铺装。

建筑剖面图

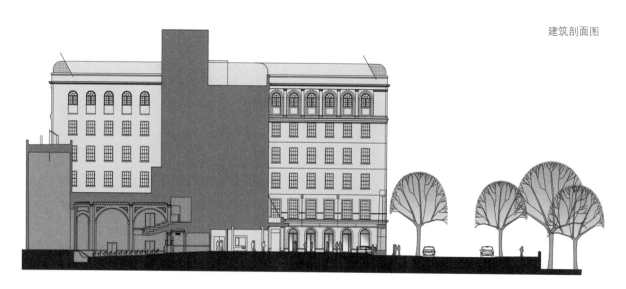

入口处的细节

门廊

主大厅

展厅空间

≫ 爱尔兰轮演剧院 （IRISH REPERTORY THEATRE）

> 地址：曼哈顿，西 22 街 132 号
> 设计机构：加里森建筑师事务所（GARRISON ARCHITECTS）
> 管理机构：纽约市文化事务局，2014 年

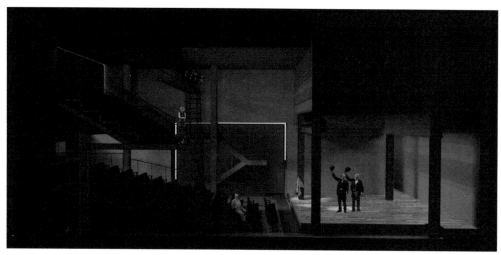

剖面透视图

　　爱尔兰轮演剧院位于纽约市切尔西街区的斯坦维克大楼（Stanwick Building），在这个地方举办演出的 23 年间，该剧院所遇到的最大挑战就是无法处理侧边座和舞台之间的尴尬关系。虽然 30 个侧边座非常接近舞台，能够使观众近距离地观看表演，但这些座位只能提供给观众周边视野，因此常常成为观众批评的目标。

　　针对该问题，剧院的修复项目对剧院的表演空间和后台空间进行了翻新，具体包括移除一部分楼上的地板，将其改造成一个座位区，以此来替换掉侧边座椅，腾出更多有用的后台空间。新增的座位区可以容纳 40 个观众，并提供直接的、畅通无阻的观看视野。这个改造后的新的双层空间将极大地提升空间品质，并能够增强主剧场的音响效果，为观众呈现高水准的演出。

　　这个再设计方案同时也将提升现有的机械装置系统并将解决包括无障碍设计、消防措施以及疏散通道等问题在内的所有法规的合规问题。剧院的修复将大量应用区域性可再生材料、低挥发性黏合剂、涂料、地板和复合木制产品。这个项目将贯彻执行绿色能源计划，利用低水流量设施来达到减少 20% 用水量的目的，同时实行建筑垃圾管理以及建筑室内空气品质管理，通过遵循这一系列的绿色设计管理计划，该项目正在努力争取美国绿色建筑银级认证。

舞台视角

位于上层的座位区

现代艺术博物馆现代艺术中心入口大楼

≫ 现代艺术博物馆 PS1 馆（MOMA PS1）

> 地址：皇后区，杰克逊大道 22~25 号

> 设计机构：安德鲁・伯曼建筑师事务所（ANDREW BERMAN ARCHITECT）

> 管理机构：纽约市文化事务局，2011 年

入口处细节

　　安德鲁・伯曼建筑师事务所为当代实验艺术的展览场所——现代艺术博物馆 PS1 馆的入口、售票处以及艺术展馆做了基础结构的设计。参观者从入口进入博物馆后，会穿过这座建筑的主庭院再到达展厅，之所以要这样设计是遵循了这个场地本身的几何形态布局与材料特性。整个博物馆建筑采用水泥浇筑而成，大门则是用热轧钢框架搭配夹层玻璃板。

　　该建筑获得了 2012 年由美国建筑师学会主办的纽约优秀建筑奖。

门的细节

室内情景

庭院处的门

室内书店

≫ 移动影像博物馆（MUSEUM OF THE MOVING IMAGE）

> 地址：皇后区，第 35 大道 36-01 号

> 设计机构：利塞建筑事务所（LEESER ARCHITECTURE）

> 管理机构：纽约市文化事务局，2011 年

博物馆的外立面

移动影像博物馆位于始建于 20 世纪 20 年代的考夫曼·阿斯托利亚工作室建筑群的其中一栋楼里。这个博物馆广泛地收藏了许多珍贵藏品，这些藏品主要用于培养公众对于艺术、历史、技术、电影技术、电视以及数字多媒体的理解力和欣赏力。利塞建筑事务所对该博物馆进行了扩展和翻修，他们利用创新技术和前沿的设计使得参观者可以与丰富的移动影像历史资料进行互动。

访客进入这栋大楼需要通过一扇由半透明玻璃和镜面玻璃组成的大门，这些半透明玻璃被切割成字母，构成了这个博物馆的名称与标志。博物馆大厅的内表面在形式上是经过特别裁切和折叠的块面，以便为移动影像的放映提供最佳空间。室内的多个立面各自有入口通往博物馆内的各个空间，这些空间从大厅开始贯穿整个建筑，包括：有 267 个观众席的剧院、教育中心、放映厅、不断变化的展厅，藏品储

博物馆的外立面

存设施、特殊活动空间，以及庭院。博物馆的外立面采用的是另一种独具特
色的切割和折叠表面，用具有创意的三角形金属面板作为单元样式，来包裹
扩建的楼体。

经过扩建后的博物馆将原有的建筑和扩建的楼体通过一条连接两者的
大走廊进行了整合。这个空间通过把壮观的、不朽的建筑与透明的、转瞬即
逝的影像融合在一起，来创造一个对比的、复杂的情境。

◀ 入口处明亮的玻璃门将博物馆的参观体验与外部世界隔绝开来

▼ 入口处的白色墙壁为 50 英尺长的全景投影展示提供了一个无缝的背景,大厅的形状是由上一层的主剧场的底面决定的,在高效利用空间的同时为下面的大厅营造了一个充满动态张力的屋顶

整个博物馆的色彩都采用了与白色对比鲜明的颜色来强化空间体验。每一个有颜色的门洞都是进入到下一个空间的入口,比如剧院或者是展厅等

博物馆礼品店再设计的重点聚焦在用户体验的营造上

主剧场使用了与外立面相似的开放接合系统，使墙体表面看起来像是悬浮在空中。在这里，为了使墙体材料的柔软度达到隔声要求，设计师们充分利用了单块毛毡以及真空成型面板等柔性材料

视频编辑间鼓励访客参与到电影制作的世界中来

在一个私密的展览空间里，一些纪念品和手工艺品在向人们诉说着电影的历史

　　博物馆的外立面没有太多的细节设计，但却清楚地定义了建筑外立面的边缘，块面之间的连接，块面特征，折叠方式以及剪切方式。材料最薄弱的地方通过开放接合的方式来进行强调，外立面也没有做任何缝隙的填补。隐藏在建筑表面面板后的一套复杂的雨水槽系统的设计考虑到了失重以及高精确度条件下的相关效应。

　　博物馆采用了反射屋顶设计，利用可回收的区域性材料，其空气质量检测、电效率和水效率都达到 LEED 银级认证。该项目获得了星网设计大奖（Starnet Design Grand Prize）、2011 年由纽约市公共设计委员会颁发的优秀设计奖以及 2013 年的红点奖。

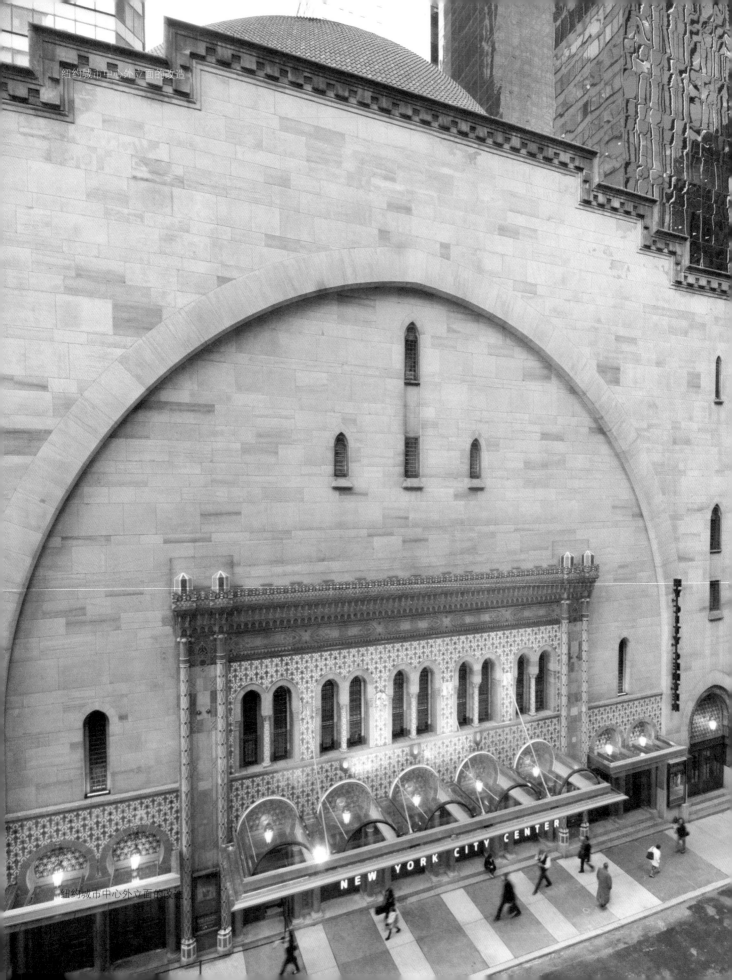

纽约城市中心外立面的改造

➤➤ 纽约城市中心（NEW YORK CITY CENTER）

> 地址：曼哈顿西 55 街 131 号
> 设计机构：达特纳建筑师事务所（DATTNER ARCHITECTS）
> 管理机构：纽约市文化事务局，2011 年

  达特纳建筑师事务所对纽约市的地标建筑——纽约城市中心进行了外立面的修复以及屋顶的重置工作。这座建筑始建于 1923 年，有着新摩尔风格的外观，最早是作为圣地兄弟会的会议厅来使用的，自从被收归为市属建筑之后，这座大楼在费奥雷诺·拉瓜迪亚市长和纽约市议会主席纽波特·莫里斯的努力之下才免于被毁，拉瓜迪亚市长和莫里斯主席在纽约的城市建设方面做出过很大贡献，他们还曾经创建了曼哈顿最早的表演艺术中心：一个拥有 2750 个座位的戏剧、音乐和舞蹈中心。

  达特纳建筑师事务所修复了大楼面向西 56 街这一侧的立面，该立面主要以砖块铺就，辅以图案丰富的上釉陶瓦，在建筑盖顶及其他细节处有少量的石材。

  在改造项目进行的整个过程当中，这座大楼依然维持着正常的运行。恩尼德建筑师事务所（Ennead Architects）对这座大楼进行了室内部分的修复。

纽约城市中心外立面的改造

≫ 纽约科学馆／科学公园（NEW YORK HALL OF SCIENCE/ GARDEN OF SCIENCE）

› 地址：皇后区，第 111 街 47-01 号
› 设计机构：BKSK 建筑师事务所（BKSK ARCHITECTS）
› 管理机构：纽约市文化事务局，2007 年

这个用绳子绕着金属支架编织起来的大鸟巢成了孩子们充分发挥他们想象力的乐园

为了适应日益增长的儿童访客数量，这个占地 3 万平方英尺的科学公园在纽约科学馆名为"孩子的力量"的教学公园的基础上将面积扩充了一倍。有关学龄前儿童发展的最新研究成果表明，儿童游戏有助于儿童早期认知能力的形成，该科学园的设计理念就来源于此。因此，建造科学园面临的最大挑战，也在于如何将游乐场与展览完美融合，让孩子们在玩乐中展开想象。科学园实际是新时代教育背景下的"户外课堂"，目的在于让孩子在大自然与建筑相融合的环境中学习成长。

公园鸟瞰图

附近街区的开放框架式小木屋

建筑师手绘的公园中蜿蜒曲折的漫步小径的草图，这条小径贯通整个公园景观，穿过低矮的山丘，穿越一小片被薄雾笼罩的神秘树林

一处供人们休憩玩乐的漩涡形水景装置，周围环绕了一圈钢制的手鼓

探索游戏在提高孩子们运动体能的
同时也促进了孩子认知能力的发展

在生态意识十分强烈的当下，人们普遍认为为年轻的游客提
供一个能够加强他们与自然环境接触机会，帮助他们拓展周围世
界的空间十分重要。由于孩子们对于土地有一种天然的亲近感，
所以，营造不同的公园地形以及地面肌理是整个项目设计当中最
关键的部分。公园中的植物能够拓展孩子们的感官范围，提供多
样化的感官刺激，让孩子们确切认识到四季的变化，感受到更多
样的色彩和气味。

一条蜿蜒的小径穿过草木茂盛的低矮山谷，小径铺满石头，
呈 v 字形图案，看起来像蛇的皮肤纹理。为了与周围的环境景观
形成色彩上的对比，与小径垂直相交的钢板桩被涂成了白色。白
色的柱桩和小径一起，将游客引导到各个不同的区域，促使他们
去探索与各种隐蔽的小空间、声音、纹理、光线以及材料相关的
一切。

这个项目获得了 2008 年由美国建筑师学会纽约分会颁发的设
计大奖。

≫ 纽约科学馆（NEW YORK HALL OF SCIENCE）

> 地址：皇后区，第 111 街 47-01 号
> 设计机构：恩尼德建筑师事务所（前身是波尔舍克合作事务所）
  [（ENNEAD ARCHITECTS（formerly the Polshek Partnership）]
> 管理机构：纽约市文化事务局，2004 年

　　纽约科学博物馆扩建新馆楼体的外立面上并列排布的明亮的折叠表面与哈里森 & 阿布拉莫维茨建筑公司（Harrison& Abramovitz）设计的1964 年纽约世博会展馆的波浪形多孔混凝土和深色钴玻璃框架一起，构成了纽约科学馆的新形象。扩建部分重新定义和扩大了展厅空间，改变了访客整个的观展体验。科学馆被半透明的玻璃纤维面板所包裹，以此来与原有建筑的不透明表面形成一个对比。在展厅北端有一个玻璃棱镜，穿过玻璃幕墙和天窗的光线透过棱镜照射在一尊玻璃雕塑上，熠熠生辉，这尊玻璃雕塑是受城市艺术百分比项目的委托而创作的。同时，科学博物馆的北面有一个透明的底座，可以让人从外面看到博物馆内部，更深地诠释了博物馆在可达性设计上的目标。

　　科学馆楼上和楼下的陈列室中新设了展览空间，这些空间旁边设置了几个探索实验室，以此来吸引访客。在光控陈列室，还有一个同样是与新馆相连，专门用于巡展的展览空间。明亮的扩建展馆提供了直接通到火箭公园的入口，这个公园最近才做过景观设计并配备了户外设施。在夜晚，这座扩建展馆在法拉盛草原可乐娜公园内就像一盏灯笼一样，发着光。

半透明的灯光展厅盘旋在由玻璃围起来的建筑底座上

展览馆暴露在外的钢架结构让建筑的所有结构系统都清晰可见，同时
这些钢架也可以作为陈列展品的支架

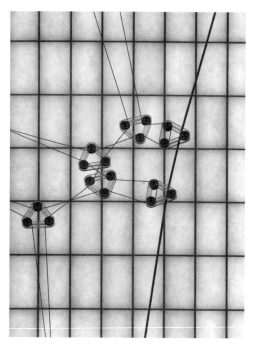

幕墙细节

转梯连接着位于楼体底座中的展厅

灯光展厅的北端是一块玻璃棱镜，将阳光折射到艺术家詹姆斯·卡彭特（James Carpenter）专门为科学馆创作的艺术作品上

一排钢制的塔架支撑着一条绵延的金属管以及位于金属管下方悬浮的人行道，在人行道下方有一个露天餐厅，餐厅周围大红色的护墙界定了这个餐厅的区域范围

>> 纽约科学馆"孩子的力量"公园（NEW YORK HALL OF SCIENCE/"KIDPOWER!" PARK）

> 地址：皇后区，第 111 街 47-01 号
> 设计机构：BKSK 建筑师事务所（BKSK ARCHITECTS）
> 管理机构：纽约市文化事务局，1997 年

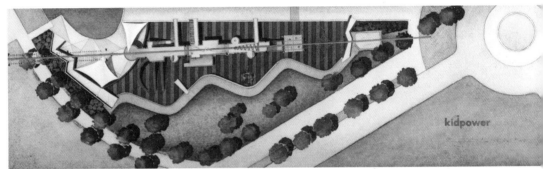

场地规划图

　　在 20 世纪 90 年代早期，纽约科学馆的主管越来越意识到孩童理解基本科学原理的能力可以通过玩耍得到增强。这座具有前瞻性和先锋性的教学公园就是这一思想理念的体现。公园的设计来自于建筑师和教育者们共同合作所形成的构思，最终形成了一个多学科成果的丰富融合，这里面所涉及的知识类别包括景观设计、展示设计、结构设计、儿童发展和安全问题。这座占地 3000 平方英尺的公园作为博物馆永久性的户外部分，是全美面积最大的科学公园，也是这个广受欢迎门庭若市的科学馆最具标志性的地方。公园的建筑结构富有雕塑的质感，吸引着民众来到此地对科学馆进行探索。

◀ 由一排直杆和连接在直杆两端的圆球组成的装置展示了转矩耦合系统产生能量波的原理

▼ 这个悄悄话盘子能够让访客与处于这个公园另一端的朋友对话

　　纽约科学馆最初是为 1964 年的世界博览会而建造的，而这个公园的风格特征就是对世博会精神的一种诠释，在博览会过后的 30 年间，这种精神依然存在。大规模大体量的公园结构元素本身就是作为展览品而存在的，它们能够激发访客们对于各种奇特物理现象的兴趣和思考。沿着科学馆外的露台，有一排白色的钢塔架着一根长长的金属管道以及管道下方悬浮的人行通道。公园里的展品元素围绕着这排钢塔的构架都被组织起来了，伴随着钢塔排布的疏密节奏，塔周围分布的用于展示和体验各种物理现象的展品在形态和色彩的丰富程度上都有着微妙的秩序感。同样的，弹性地面上两种颜色交替呈现的条纹图案也在趣味性中体现着秩序感。还有一圈坚固的板桩防护墙围起了一个户外用餐区。

这个场地中的一些装置和设施阐释了关于运动、风、太阳、声音和一些简单机器的科学原理

主展厅

» 野口勇博物馆与雕塑公园（NOGUCHI MUSEUM AND SCULPTURE GARDEN）

> 地址：皇后区，第 33 路 9-01 号
> 设计机构：塞捷与库姆建筑师事务所（SAGE AND COOMBE ARCHITECTS）
> 管理机构：纽约市文化事务局，2015 年

这个项目在对历史性建筑的保护上面临着一个不同寻常的挑战，即在不让人看出任何改造痕迹的情况下对野口勇博物馆进行改造。尽管博物馆中的一些公共空间和展厅、教学办公室以及一些辅助空间做了较为显著的设计改动，但整个楼体建筑系统和基础设施部分还是基本维持原貌。为了让这个博物馆变得更加现代化，大部分区域需要彻底地重新建造，而这一重建过程被分成了三个阶段。

第一阶段完成于 2004 年，主要改造内容包括展厅的重新配置，设计一个新的书店和咖啡馆，安装 900 根利于建筑结构稳定的螺旋桩，降低用作项目活动空间的地下室的位置，并为其排水。博物馆内各个部分的供暖和供冷也需要在这一阶段实施，以确保博物馆能够一年四季都对外开放。

第二阶段完成于 2009 年，在这一阶段，塞捷与库姆建筑师事务所对博物馆花园的外观进行了一个彻底的改造，建造了一个适用于展示巡回展品的展厅，并对博物馆的入口大厅进行了重新设计和改建。

雕塑公园一角

博物馆的入口大厅

为现在被风化的楼体外立面匹配相似的红砖，在风格上模仿过去窗户的样式来定制窗子，所以，这座博物馆的公园在重建的过程中并没有表现出明显的外观上的变化。在具体的修复改建方面，入口大厅被推翻了重建，室内售票处和等待区也做了重新的设计。对楼上展厅的修复要求重建后展厅的内外围护结构能够控制热量，以达到在70度的环境条件下室内仍维持50%的相对湿度。另外，新增了一个用来放置各类设备的机械室和一个大楼综合管理系统。由于展厅内表面具有的隔热性能，使得这里成为了一个常常有访客光顾的当代展厅。

第三和第四个阶段改造工作的主要内容包括：对雕塑花园及其围墙的设计和修复，结束针对这个博物馆的修复工作。把这个博物馆打造成纽约市原始建筑形态保留最完整、最重要的博物馆之一。

从上方看向公园

野口勇公园博物馆

位于楼上的展厅

修复后的建筑外立面以及新做的由玻璃和钢材相结合的遮雨篷

》》 公共剧院 (THE PUBLIC THEATER)

> 地址：曼哈顿，拉斐尔街 425 号
> 设计机构：恩尼德建筑师事务所（ENNEAD ARCHITECTS）
> 公共艺术百分比设计：本·鲁宾（Ben Rubin）
> 管理机构：纽约市文化事务局，2012 年

    恩尼德建筑师事务所对公共剧院的修复工作目前已经进展到了设计全新的入口以及对大厅的再设计阶段，针对公共剧院的修复使得这座纽约市的文化机构在形象上又重新焕发了光彩。这座有着文艺复兴时期建筑风格的剧院最初由亚历山大·赛尔兹（Alexander Saeltzer）设计，当时是作为首个阿斯特图书馆，建成于 1853 年。在 1967 年，戏剧导演约瑟夫·派普（Joseph Papp）将其变成了公共剧院的所在地。

    这个项目的实施面积达 36000 平方英尺，设计修复的目标是在维持建筑历史结构的同时，利用现代化的设施设备以及一个新的富有戏剧感的入口和大厅来增强顾客的剧场体验。为了衬托楼体的赤褐色砂石表面，新建的楼梯台阶和坡道都采用的是大块的大理石。剧院入口处新建的雨棚采用钢质框架搭配透明玻璃，增强了剧院的临街效果，在为顾客提供遮挡的同时，又不影响顾客抬头观看大楼新近修复和提亮过的外立面。

修复之后的大楼主立面

在大厅内部，屋顶和墙面的装饰石膏被小心翼翼地修复过了，原来的那些拱门也重新用起来了。大厅的特色是在其中央部位有一个枝形吊灯的雕塑装置，这个装置是由艺术家本·鲁宾创作的，从吊灯中央往四周辐射的白色条板上，用 LED 灯光打出了莎士比亚的作品引文。大厅里有楼梯通到新建的剧院夹层和可以俯瞰整个楼层的阳台。大厅这样一个聚集空间重组了剧院的内部构造，通过与剧院内其他不同风格的空间之间建立视觉连接点的方式来给观众提供方位上的引导。位于大厅中央的售票处和通往乔酒吧（joe's pub）的入口更是增强了这个大厅在功能上的重要性。

公共剧院之所以知名，就在于它的设计精心地混合了现代与历史的元素，这一点在本质上也与所有广受好评的戏剧作品不谋而合——即传统性与实验性兼具。

入口大厅，带有新的中央吧台以及由本·鲁宾创作，有莎士比亚作品引文投影的吊灯

从剧院夹层看向大厅

玻璃雨篷的细节

剧院夹层

剧院大厅

》 王后植物园游客与管理中心（QUEENS BOT-ANICAL GARDEN VISITOR AND ADMINI-STRATION CENTER）

> 地址：皇后区，商业街 53-50 号
> 设计机构：BKSK 建筑师事务所（BKSK ARCHITECTS）
> 管理机构：纽约市文化事务局，2009 年

　　这个新的王后植物园游客与管理中心是文化事务局雄心勃勃推进的设施改建计划项目中的中心内容。植物园所在的这片区域在过去是一片不毛之地，在斯科特·菲茨杰拉德（F. Scott Fitzgerald）的小说《了不起的盖茨比》（The Great Gatsby）中，曾将其形容为 "灰烬谷（valley of ashes）"。这是美国第一个致力于可持续环境管理的公园，它的游客中心是纽约市第一个获得 LEED 白金认证的公共建筑。

　　占地约 16000 平方英尺，这座新的王后植物园游客中心拥有一个接待区、一个礼堂、公园商店、展厅、会议室和行政办公室，以及额外占地 4500 平方英尺的户外区域，和带有屋顶的活动空间。游客中心被设计成整个公园景观的一部分，作为游客体验周围地形、植物群、动物群以及季节更替时的一个背景景致而存在。

在整个设计构思中，建筑楼体被当作了公园季节变换的恒定背景

这座新的游客中心是纽约市第一个获得 LEED 白金认证的公共建筑

公园的主入口大楼有一个带斜坡的绿色屋顶，可以吸引游客，遮阴纳凉，并为公园营造一处独具特色的景观。

大楼的前院有一个带有顶棚的户外活动空间，顶棚是由许多根倾斜的柱子支撑起来的。进到这座大楼需要穿过一条由被收集起来的雨水所构成

大楼的绿色屋顶以及围绕着大楼的雨水景观带

的景观带，从大楼里面看出去，四处环绕着自然景观，墙也消失不见了，以至于这里面的工作人员看起来像是住在树屋里面一样。在 50 年前苍白的土地上运用营造自然景观的建筑策略来设计这座植物园游客和管理中心，这样的设计效果在游客心中所引起的共鸣是显而易见的。整个大楼的建筑景观，建筑结构以及机械系统都使得建筑的可持续性对于公众来说，不仅可见，而且可感。

王后植物园位于美国最具种族多样化的一个县，在这个县里，有 130 多种语言和方言在被使用。植物园里的社区活动项目包括为小孩和大人营造园林、举办季节性的庆祝活动、婚礼、日常的太极练习，以及为游客和专业人士举办的学习课堂，学习内容从可再生能源到景观美化再到堆制肥料无所不包。园区内有一块触摸屏，展示着关于新大楼与公园的信息，以及实时的能耗数据。触摸屏和园区内的引导标示被翻译成了四种语言。

游客中心的设计是社区主导的规划结果，重在强调对于任何人来说都极其重要的水资源。不论是大楼还是它所在的场地都被流动的水所渗透和包围，水量的多少随着季节的变化而变化。这一设计体现了水资源保护和再利用的价值。

新中心的其中一个集会空间，带有顶棚的前院帮着加深了游客在这座植物园内的游览体验

前院的顶棚将雨水引到一个有净化作用的生态池中，池子里充满了碎石和本地的湿地植物

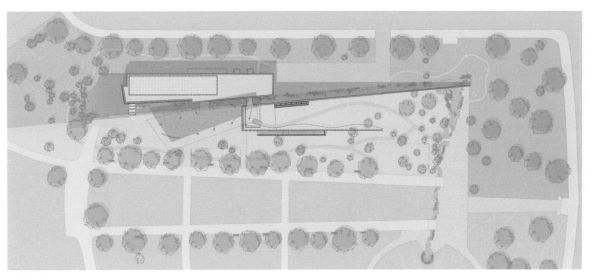

场地规划图

博物馆西面安装了许多 LED 灯背光照明的玻璃板，每块玻璃板上都
带有一个个的熔点图案，可以均匀透出数控灯光全部的光线

≫ 皇后区艺术博物馆（QUEENS MUSEUM OF ART）

› 地址：皇后区，法拉盛草原可乐娜公园

› 设计机构：格雷姆肖建筑事务所，阿曼＆惠特妮建筑公司
（GRIMSHAW with Ammann & Whitney）

› 管理机构：纽约市文化事务局，2013 年

这个项目将皇后区艺术博物馆与法拉盛草原可乐娜公园的东边部分融合在了一起，展示了充分的活力，对位于公园西边的公路上的过往车辆和人群也充满着吸引力。该项目为日益增加的永久馆藏数量创建了室内收藏室、临时展厅，并扩充了教育和公共活动空间的面积。

扩建面积达 105000 平方英尺，因此博物馆占据了整座建筑大楼，建筑结构保留了 1939 年世博会展馆的结构原貌。面积从 800 平方英尺到 2400 平方英尺不等的六个新建展厅围绕着一个大的艺术品展厅来排布，以便应对同时有好几个展览的情况，也有利于策展的灵活性。位于中间的展厅最特别的地方在于它里面有一个由许多条玻璃肋组成的反光灯，这些玻璃肋条反射从巨大的天窗透进来的光线，让这个灯看起来就像是漂浮在天窗下方。这个特别的设计元素在将自然光线引导到室内空间中来的同

建筑外部

时，还能够让参观者们瞥见头顶的天空。中央展厅周围的四个展厅以及另外两个无光源展厅被几个排成一列的百叶窗所遮蔽。有一条线条流畅的，与楼体的几何形态相搭配的楼梯将参观者带往二楼的一个扩展空间。针对该博物馆的再设计，设计师们新建了几个展览空间以及包括艺术储藏室、展览准备空间和木工作坊在内的一些后台设施。

在中央大道上可以看见博物馆大楼新修的正式入口，吸引着往来的访客，同时这也是通往后面公园的入口。入口位于大楼西面，它与众不同的地方在于有一个极具雕塑感的金属棚，大楼的西立面还覆盖了许多玻璃面板，这些玻璃面板在视觉上延伸了大楼的长度。玻璃板后面安装了 LED 背光灯，每块玻璃板上都带有一个个的熔点图案，可以均匀分布数控灯光的所有光线。大楼的这个玻璃立面不仅仅是作为该博物馆灯塔一般的存在，同时也是一些艺术作品的动态展示界面。博物馆计划定期委托艺术家为这个立面创作一些新的作品。

博物馆除了展示功能外，还有很重要的一个部分就是用作教育设施。扩建部分有几个新设置的教室以及用来和学校以及社区进行外联活动的辅助空间，这些都奠定了这个博物馆作为整个皇后区文化中心的地位。

大楼西面的入口是参观者们进入这个博物馆的主入口，入口前有一个车辆下客广场

崭新的天窗让自然光线进入到这个空间，而精心排列的百叶窗将光线恰当地分散到各个展厅

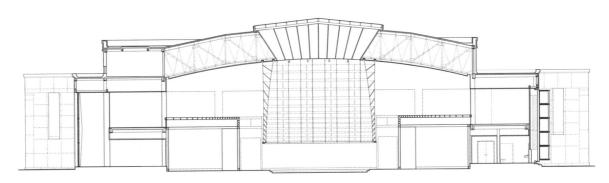

建筑剖面图

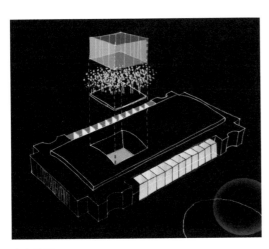

方案草图

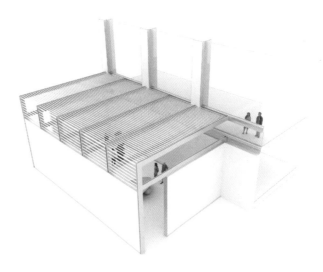

展厅示意图

黄昏时分世博园里的建筑

》纽约世博园皇后剧院（QUEENS THEATRE IN THE PARK）

> 地址：皇后区，联合国大道南 14 号，法拉盛草原可乐娜公园
> 设计机构：卡普莱斯·杰佛逊建筑师事务所（CAPLES JEFFERSON ARCHITECTS）
> 管理机构：纽约市文化事务局，2011 年

鸟瞰图

　　1964 年，飞利浦·约翰逊（Philip Johnson）设计了圆几何形结构的世博会建筑群，而皇后剧院就是在该建筑群的基础之上建成的。新的建筑结构是一个能够容纳 600 人的接待室，坐落在约翰逊设计的世博会巨大椭圆形纽约馆的轴线上，这个状如星云的新建筑体是一个透明的观景亭，从这里可以欣赏到这个公园里一些过去的建筑，包括巨型地球仪，约翰逊设计的瞭望台和展馆。这个新建筑聚集了丰富的材料元素和薄暮时分的色彩元素，代表了汇聚于皇后区的 109 种民族文化，是这个地区具有代表性和典型性的建筑。设计师运用了格式塔心理学原理和透视的艺术，在每一个垂直节点上都安装了带有金属翼的玻璃幕墙，玻璃幕墙的"水平"窗棂呈螺旋形向上倾斜，这种动势进一步加剧了空间中弯曲运动的感觉。

室内设计概念草图

像星云一样的室内空间

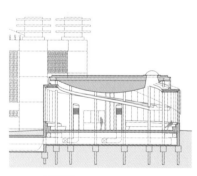
剖面图

　　玻璃幕墙的设计广泛采用了各种现代技术，其中低含量的乳胶漆可以减少吸收太阳热量，以硅胶密封接头代替金属直棂帽，充气式隔热单元能够减少热量消耗，以及层压玻璃外部照明灯既能增加单元规模，又能增强抗破坏性。利用数字设计技术制造出 5000 多个单独的、独特的玻璃面板，这些玻璃面板组装在一起，共同创造出一种完美的整体圆形的错觉。

　　该项目获得了好几个奖项，包括纽约市立艺术学会颁发的 2011 年最佳修复大师奖、A|L 设计奖的最佳用色奖、皇后商会奖、美国少数民族建筑师组织（NOMA）颁发的国家卓越建筑奖，并获评 2010 年度纽约市建筑文化项目。

　　就像在《美国建筑师协会指南纽约篇》当中所描述的那样，这是 1964 年所建的为数不多的展馆当中试图使用新技术来营造形式感的其中一个展馆。在这种情况下，建筑的周边柱（以及支撑观景台的那些柱子）采用了竖向连铸滑模混凝土的形式，原本采用半透明彩色塑料材质建造的屋顶，是一个由许多垂直的铅笔柱隔开的双隔膜径向索结构，以防止震颤和摆动。该展馆是世博会展馆建筑中最耀眼的亮点，是法拉盛草原可乐娜公园中一处令人感到愉悦的公园建筑。而重建后的皇后剧院为这个未被充分利用的建筑群带来了时尚和活力。

在室内透过屋顶的"天眼"，可以看到外面飞利浦·约翰逊设计的旧建筑的结构

⏩ 纽约世博园皇后剧院圆形大厅（QUEENS THEATRE IN THE PARK CIRCULAR LOBBY）

> 地址：皇后区，联合国大道南 147 号，法拉盛草原可乐娜公园
> 设计机构：PKSB 建筑师事务所（PKSB ARCHITECTS）
> 管理机构：纽约市文化事务局，2015 年

　　以 1964 年纽约世博会为开端，我们迎来了一个进步的、创造性的以及对未来充满激情和期盼的时代。这个时代深深地影响了流行文化，影响了从建筑、室内设计到游乐园、科幻电影等方方面面的美学观。四十年之后，世博会展览馆变成了现代遗迹。PKSB 建筑师事务所对其进行的再设计将对现有的建筑设施进行质量上的提升，以匹配卡普莱斯·杰佛逊建筑师事务所设计的扩建新馆，并恢复由令人崇敬的现代建筑设计师飞利浦·约翰逊所定义和设计的"原始的戏剧精神"。PKSB 设计了大厅的地毯，地毯是以银河系作为灵感来源，这个设计不仅呼应了贯穿整个 1964 年世博会太

规划图

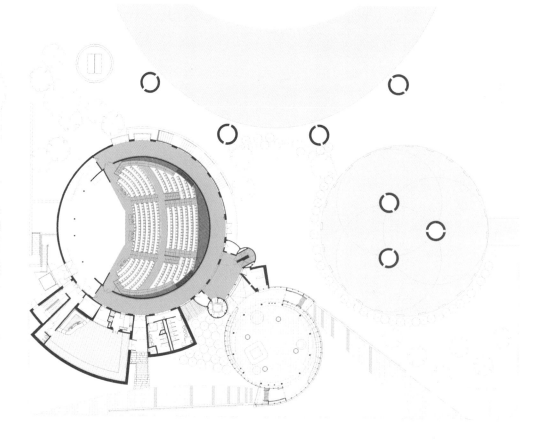

圆形大厅

空旅行的主题元素，还强调了这个新大厅的几何形态。地毯从圆形的大厅一直铺到了礼堂，在礼堂中有一块新的被抬高的座位区，这块区域拥有更好的视线，能确保每个位置都能够获得一流的观看视野。其他方面的设计提升还包括对更衣室和洗手间的修复，以及在现有的设施设备基础上，增加了视听功能。所有的这些修复工作与扩建工作将更进一步地维持剧院的繁荣，使其具有创新性。

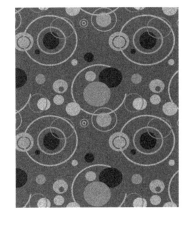

大厅地毯图案样式

修复后的建筑北面外观

不冻港文化中心，E 大楼（SNUG HARBOR CULTURAL CENTER，BUILDING E）

> 地址：斯塔滕岛，里士满露台 1000 号
> 设计机构：弗雷德里克·施瓦茨建筑师事务所（FREDERIC SCHWARTZ ARCHITECTS）
> 管理机构：纽约市文化事务局，2013 年

不冻港文化中心 E 大楼是面向里士满露台的五栋地标性希腊复兴式风格建筑中最东边的一栋。该楼建成于 1879 年，最初是为了给当时增长迅速的人口提供住宿的。在 20 世纪 50 年代，为了减少运营成本，这个避风港口开始拆除部分建筑并将居住于此地的居民迁移到位于北卡罗来纳州的船只避风港。为了阻止更多的建筑被拆除，以及防止为了发展而将这块区域贩卖出去，一些政府官员和民间个人团结力量，采取行动，努力保留下剩余的建筑物和公共场所。

这个占地 24000 平方英尺的历史保护项目的主要目标是防止不冻港文化中心地标建筑的建筑围护结构进一步退化。该建筑入选了美国国家史迹名录，并且是纽约市地标保存委员会指定的首批作为地标的建筑物之一，而弗雷德里克·施瓦茨建筑师事务所提供的设计服务从两个方面开始着手，一是对该建筑的现有状况进行评估，二是针对该建筑提出施工范围建议。

建筑东面主视图

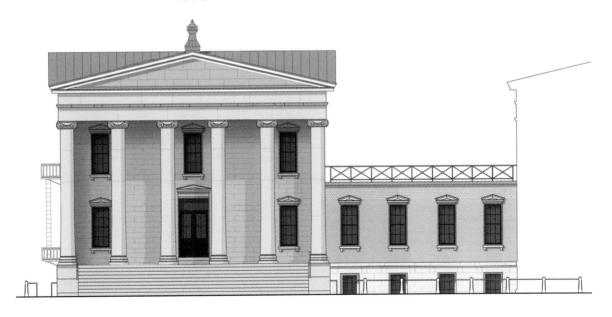

改造前建筑外墙西南面
的墙体状况

弗雷德里克·施瓦茨建筑师事务所提供了完整的设计和施工阶段服
务，包括协调助理顾问、建筑保护专家、工程团队、项目许可、区域划
分、技术规范、方案设计、设计开发、施工文件、施工管理、施工图审查
以及现场审查等各方面工作。

考虑到该建筑的历史意义，因此事务所要求在设计和施工的时候设立
严格的标准以及对细节的高度关注。他们为这栋大楼安装了一个新的铜质
屋顶和一些通风口，并清理了砖砌外立面，对砖缝进行了重嵌，对墙面一
些损毁严重的地方进行了修复，所用的砂浆混合物要求精确地符合规格，
清洁以及脱漆过程也必须恰当和规范。所有原始的木质门窗都经过了一丝
不苟的修复，以保证与原有的一些细节完美的匹配。建筑内部的一些被火
毁坏的特殊区域也经过了修复或置换，包括木托梁和地板。设计师还对原
有的雨水管理系统进行了升级，排水系统也做了改进。

改造前的一楼走廊和室内状况

太平梯

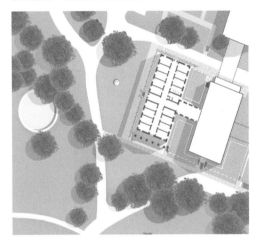

场地规划图

修复后的建筑东面外观

≫ 斯塔滕岛儿童博物馆（STATEN ISLAND CHILDREN'S MUSEUM）

› 地址：斯塔滕岛，里士满露台 1000 号
› 设计机构：普伦德加斯特·劳雷尔建筑师事务所（PRENDERGAST LAUREL ARCHITECTS）
› 管理机构：纽约市文化事务局，2001 年

斯塔滕岛儿童博物馆坐落在历史上著名的不冻港文化中心，位于由三栋大楼组成的，有 25 年以上历史的建筑综合体内。1985 年，建筑师在一座 19 世纪意大利风格的砖石建筑的基础上设计了这个新兴的儿童博物馆，用这座大楼来放置儿童展品，同时用作举办活动的场所。十年之后，启动了针对该博物馆的扩建工程。扩建项目包括新增室内及室外的展示空间，新建一个咖啡馆、几个用于举办派对的房间、博物馆员工办公室、一个装运平台以及一些储藏室。项目的第一个阶段是将邻近的一个建于 19 世纪 90 年代的大仓棚合并到博物馆的区域范围之内，并在第二个阶段新建一栋大楼，用以连接这个大仓棚和最初的博物馆大楼。这个项目的最终目的是将这些不同的建筑连结在一起，使其在空间和体验上形成建筑上的连贯性。

这个历史悠久的砖制大仓棚有着巴西利卡的建筑形制，包括一个带纵向天窗和高耸中殿的大屋顶。设计师在二楼设置了一个大型灵活的展厅，以便充分利用自然光线和富有戏剧性的顶棚的优势。屋顶结构是由一系列重型的木材桁架来支撑的，在这个扩建项目中，这个屋顶被作为特色元素进行了修复。大仓棚的一楼，最初是用来圈养羊群的，在这个项目中也做了结构上的修改，降低了地面层高，以便创造出一个适用于咖啡厅、活动室、员工办公室以及洗手间的屋顶高度。有一个室外楼梯连接着上下两层，楼梯的设计灵感来自于这片区域在海运历史上曾出现过的桁架吊桥。

连结大仓棚和博物馆的新大楼有着透明的玻璃和钢材结构，这样的设计是为了最大限度地提供观看田园风光的视野，同时也是对原有建筑砖石结构的一个补充和衬托。这栋大楼是被嵌进这块区域的，以尽量减少视觉上的冲击感，并将展览广场和大仓棚的地面层连接起来。连

夜晚的连接大楼外部景观和广场楼梯景观

大仓棚展厅

位于上层的广场

连接大楼的内部情景

位于上层广场下方的展厅

从原始的博物馆大楼看向连接大楼和大仓棚

接大楼有一个曲面的镀铅铜屋顶，屋顶下覆盖着带有一定角度的纵向钢梁和拱形横梁，屋顶的造型与周围起伏的地势相呼应，同时在位于上下层的两个广场之间创造了一个过渡。在展厅里，不论是木质地板还是黑色石板地面，都与刷白的墙面形成了鲜明的对比。轨道灯为展厅提供了灵活的灯光照明，位于上层的广场地面铺设了玻璃砖和预浇制混凝土，以便将自然光线引入到地下展厅、装运平台以及位于较低楼层的储藏空间内。新大楼与大仓棚之间的连接由一个装有升降电梯的农用筒仓来完成，当人们坐电梯往来于上下两层之间的时候，可以通过筒仓壁上的垂直窗口来观赏广场的景致。之所以要创造建筑物与环境场地之间的相互连接，是为了让孩子们能够在"规规矩矩地观看展览"与"在公园一样的环境中疯跑"这两者之间找到平衡。

这个建筑综合体为孩子们发现建筑的多样性提供了很好的范例，这个综合体本身就呈现出了历史性建筑厚重的纹理，其对称的结构与现代风格的连接大楼那具有俏皮意味的不对称结构以及透明肌理之间的强烈对比。

斯塔滕岛儿童博物馆被纽约市艺术委员会评选为 2001 午卓越设计奖获奖项目，并获得了 2004 年由美国建筑师协会斯塔滕岛分会颁发的设计荣誉奖。

草地凉篷

≫ 斯塔滕岛儿童博物馆轻型结构建筑及设施 (STATEN ISLAND CHILDREN'S MUSEUM LIGHT WEIGHT STRUCTURES)

> 地址：斯塔滕岛，里士满露台 1000 号

> 设计机构：玛匹莱若与波雷克建筑师事务所（MARPILLERO POLLAK ARCHITECTS）

> 管理机构：纽约市文化事务局，2013 年

正在制作过程当中的风斗

这个项目在可持续性方面挑战了传统手段的极限，运用了一些环境策略。四个在尺寸和功能上独一无二的新的轻型结构建筑及设施，每一个都实现了一个特定的环境倡议。草地凉篷是一个独立的拉伸结构，集成了半透明的，支持低电压照明的光伏薄膜太阳能电池板。儿童博物馆建筑综合体对于现有的两个天窗的创新之处在于将天窗与风机整合在了一起，不仅可以为建筑通风还能够制造风能，同时它们像鸟一样的造型，在风的吹动之下看起来栩栩如生，使得这里成了一个标志，进一步强化了不冻港园区内儿童博物馆的存在。

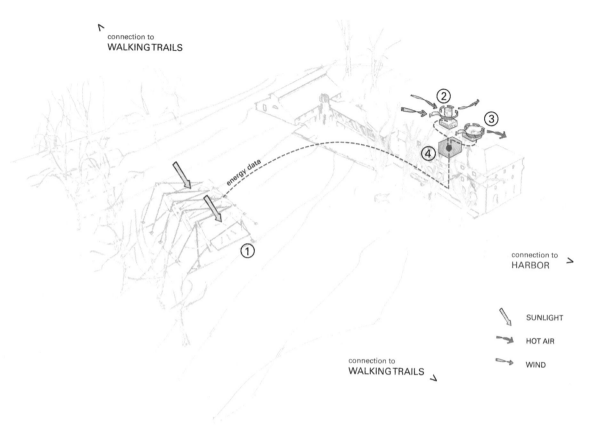

connection to
WALKING TRAILS

energy data

②

③

④

①

connection to
HARBOR

⬊ SUNLIGHT

⬌ HOT AIR

⬈ WIND

connection to
WALKING TRAILS

场地规划及能源规划图

① 草地凉篷

集成了光伏薄膜太阳能电池板，以此来捕捉太阳光为低电压照明供能。这个凉棚遮挡了2200平方英尺的面积，并为一些体育活动提供了户外空间。

② 圆顶风力涡轮机

为不冻港园区内的交互式显示屏提供能量。是不冻港园区内标志性的建筑设施。

③ 天窗风斗

通过热堆积效应来为建筑通风。是不冻港园区内标志性的建筑设施。

④ 交互式显示屏

从草地凉篷，风力涡轮机以及风斗处收集有关可再生能源的信息数据并以一种新的方式展示出来。

风斗通过热堆积效应为馆内提供新鲜空气并为馆内降温

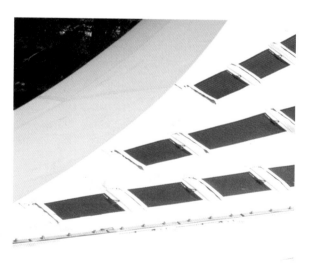

光伏太阳能板灵活的组装方式

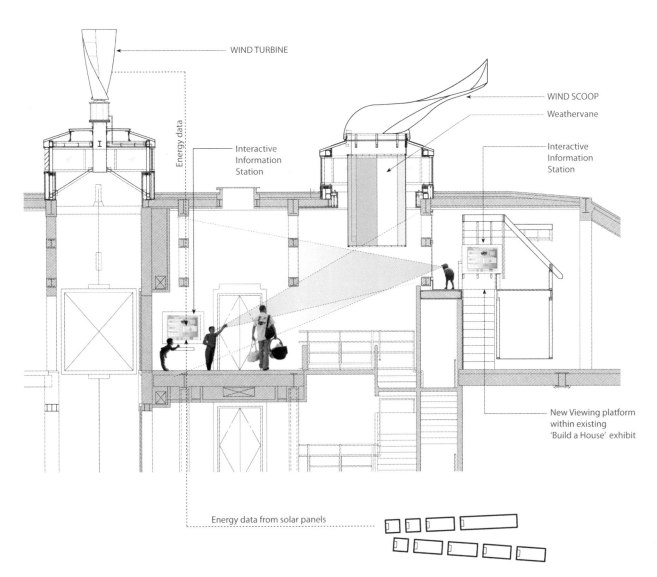

WIND TURBINE

WIND SCOOP

Weathervane

Energy data

Interactive
Information
Station

Interactive
Information
Station

New Viewing platform
within existing
'Build a House' exhibit

Energy data from solar panels

博物馆剖面图，展示了博物馆的环境系统和展览空间

≫ 斯塔滕岛儿童动物园旋转木马与美洲豹展览棚（STATEN ISLAND CHILDREN'S ZOO CAROUSEL AND LEOPARD EXHIBIT）

> 地址：斯塔滕岛，百老汇大街 614 号
> 设计机构：斯莱德建筑事务所（SLADE ARCHI TECTURE）
> 管理机构：纽约市文化事务局，2013 年

为了重新设计斯塔滕岛的儿童动物园，斯莱德建筑事务所创建了一个全新的儿童农场，包括入口大楼、书店和教育中心，以及被围起来的新的旋转木马、农场展览区和新的户外美洲豹展览区。这样的设计为位于丁香路的动物园营造了一种友好的迎客氛围，同时也明确了进入到农场区的入口位置。

入口大楼的设计方案当中还设置了一个公共广场，广场包括一个做过景观美化的露天剧场和一个新的鸭子池塘。游客们可以从这里自主选择是要去往新农场还是去往主动物园区和新设立的美洲豹展览区。农场里面有各种各样相互连接的小径，游客们可以自由选择要走的路线，从而创建他们各自的探索体验。除了可以让孩子们抚摸和喂养动物的农场动物展示区之外，这里还有一系列与农场相关的物品和建筑，包括谷仓、拖拉机、风车、水景和花园。农场的主体建筑是一个教学用的谷仓，孩子们可以进入这个谷仓，从幕后观看谷仓内部。

规划模型

旋转木马围棚外的木制平台

　　一个新建的可变形的围棚内放置着一台有特定主题的旋转木马。围棚的结构像宝石一样，四周是透明的，能够让游客从外面看到里面的旋转木马。围棚四周的玻璃围墙在夏季能够使自然通风率达到50%。而在冬天，围棚的透明塑料屋顶能够充分透进阳光来让围棚内变得温暖。在这片新的区域内种植了大量树木，作为一大特色，来提升动物园的视觉观感。

　　在美洲豹展览棚内，创造沉浸式体验的目标是通过细致地规划游客的观看视角来实现的。通过整合现有的和新引入的景观美化元素，包括一些特色树木，游客可以从不同的角度来观察美洲豹，畅通无阻。

旋转木马围棚内部

场地模型

美洲豹展区模型

旋转木马模型

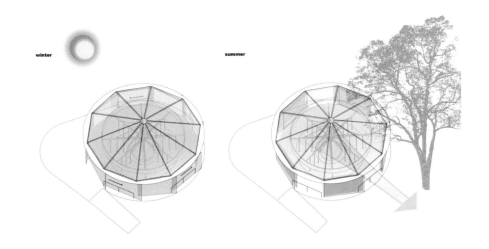

winter   summer

旋转木马围棚冬夏两季通风及取暖示意图

规划图

爬行动物馆侧厅内部

》斯塔滕岛动物园卡尔 F. 考菲尔德爬行动物馆（STATEN ISLAND ZOO THE CARL F. KAUFFELD HALL OF REPTILES）

> 地址：斯塔滕岛，百老汇大街 614 号
> 设计机构：格鲁森·萨姆顿建筑师事务所（现在是 IBI 集团）与柯蒂斯＋金斯伯格建筑师事务所（GRUZEN SAMTON ARCHITECTS（now IBI Group）with Curtis + Ginsberg）
> 公共艺术百分比设计：史蒂夫·福斯特（Steve Foust）
> 管理机构：纽约市文化事务局，2007 年

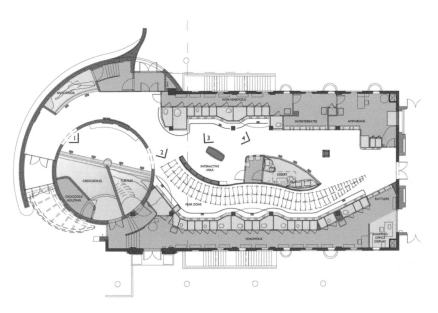

爬行动物馆侧厅楼层规划图

　　针对斯塔滕岛动物园爬行动物馆的大面积翻新和扩建工作始于 20 世纪 30 年代，强化了该地作为全球先进的爬行动物中心的声誉。重建的大楼位于树木繁茂的动物园的中心位置，作为通往扩建的爬行动物和两栖动物展区的新主入口。建筑造型采用了曲线元素，使用了图案化的砖砌外墙面和金属屋顶，为该机构创造了一个独特而和谐的视觉焦点。

该馆是以极具传奇色彩的已故爬行动物馆馆长兼斯塔滕岛动物园园长卡尔·考菲尔德先生的名字来命名的。考菲尔德先生在爬行动物学研究方面享有国际声誉。 爬行动物馆有一个展区名为"恐惧区：与蛇相遇"，这个展区是整个项目改造和扩建的关键所在，为了让游客能够直面他们内心对于蛇的恐惧，因此该展区的设计采用了夸张的舞台照明，配以背景音乐的播放，多样化的色彩以及触觉和视觉元素，所有这些元素一起将游客带进了一个没有危险的全感官体验空间，强调了人们对于蛇在认知上的误解，凸显了人之所以会害怕蛇的原因。

爬行动物馆侧厅外部

斯塔滕岛动物园总体规划鸟瞰图

波丘园一

184   我们造就的这座城市 纽约的城市设计与建造

≫ 波丘园 （WAVE HILL HOUSE)

> 地址：布朗克斯区，西 252 街 675 号

> 设计机构：达特纳建筑师事务所（DATTNER ARCHITECTS）

> 管理机构：纽约市文化事务局，2013 年

　　波丘园建于 1843 年，由威廉·路易斯·莫里斯（William Lewis Morris）设计，这里曾经居住过第 26 任美国总统西奥多·罗斯福（Theodore Roosevelt），著名作家马克·吐温（Mark Twain）以及意大利著名指挥家阿尔图罗·托斯卡尼尼（Arturo Toscanini）。被列入了美国国家历史遗迹名录中的波丘园于 1960 年被转让给了纽约市，1965 年，波丘园有限公司成立，这是一家非营利性质的企业，主要职责是管理这片占地 28 英亩的园区及其文化中心，在文化中心可以俯瞰哈德逊河和沿河的崖壁。

　　达特纳建筑师事务所对园区内占地 20850 平方英尺的建筑进行了修复设计。建筑外部的修复工作包括替换石板屋顶以及修复窗户和门楣。设计师通过重新规划公共空间并增设电梯的方式来增加客流量以及提高建筑的可达性。在具有历史意义的铠甲展厅里，灯光照明和墙面抛光都得到了提升，位于科林学习中心的儿童活动室也进行了升级改造。针对这一园区的修复设计得到了纽约市地标保存委员会的支持。

波丘园二

≫ 韦福特里帆船（THE WAVERTREE）

> 地址：曼哈顿，南街海港，东河码头 16 号
> 设计机构：W 建筑与景观设计事务所（W ARCHITECTURE AND LANDSCAPE ARCHITECTURE）
> 管理机构：纽约市文化事务局，2015 年

韦福特里帆船的历史存照

    韦福特里是 1885 年制造于英国南安普敦的一艘长 279 英尺，载重 2179 吨的全帆装船，最初是为利物浦的利兰汽车公司而造，并以南安普敦的韦福特里区来命名。如今它停泊在南街海港博物馆的东河码头 16 号，并作为活的文物在被修复，它是迄今为止同类型船里面体量最大的一艘。

    韦福特里帆船最初被用来装载用以制作绳索和粗麻布袋的黄麻，往返于东印度和苏格兰之间。两年不到，它开始进入贸易航线，在全世界范围内运载货物。在航行了四分之一个世纪之后，1910 年 12 月，它在合恩角被折断了桅杆，它的主人并没有对它进行重新装配，取而代之的是将它作为浮动仓库卖到了智利的彭塔阿雷纳斯，1947 年在阿根廷的布宜诺斯艾利斯，它被改装成了一艘沙驳船。

韦福特里帆船的甲板

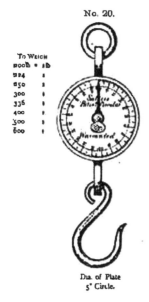

吊秤的手绘草图

自从 1968 年被海港博物馆收购以来，人们对韦福特里帆船展开了大量的修复和维护工作，让船体结构变得更加稳固，并开始了一些必要的工作，以便让韦福特里适合于公开展示。为了确定维持船体结构稳固所需要做的工作，有必要评估韦福特里现在的状况以及弄清楚将来它将被如何使用。设计师做了一个总体规划，以满足登船要求和游客流通的需求，这两点决定了新甲板在货舱中的位置以及其他一些结构改进的方式。

海港博物馆计划将韦福特里作为博物馆所收藏的众多历史悠久的帆船中的重点收藏对象，将其打造成码头的一个景点，以在船顶露天甲板和靠近后桅的甲板上的公开展览作为吸引游客的特色。在被保护、修复和改良之后，船上将设立一个新的互动展示空间，用来讲述关于这片海港和这艘船的故事。

韦福特里帆船与远处的金融区

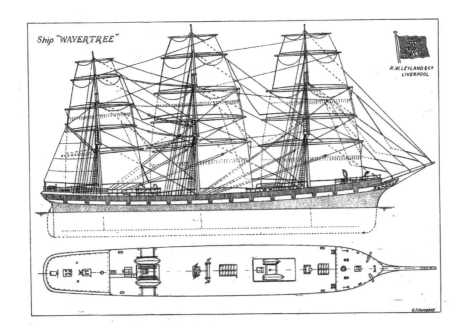

船的设计方案图

船体外部细节

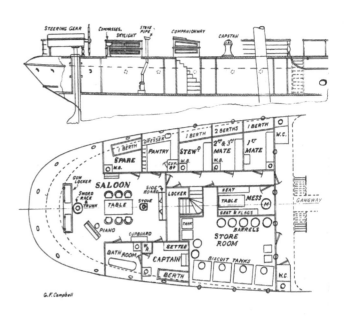

船体的楼层规划及剖面图

>> 维克维尔文化遗产中心（WEEKSVILLE HERITAGE CENTER)

> 地址：布鲁克林区，卑尔根街 1698 号

> 设计机构：卡普莱斯·杰佛逊建筑师事务所（CAPLES JEFFERSON ARCHITECTS）

> 公共艺术百分比设计：卡卡娅·布克尔（Chakaia Booker）

> 管理机构：纽约市文化事务局，2013 年

维克维尔文化遗产中心位于布鲁克林区历史悠久的非裔美国人聚居社区维克维尔，它扮演着三个现存的 19 世纪非裔社区的管理者的角色。建筑师的职责是创建一个 1.5 英亩的户外景观空间，以提升维克维尔社区的价值，同时建造一个新的门户大楼，在里面设置教室、办公室、一个展厅、一个表演空间以及一个小型的图书馆。遗产中心要求其建筑风格是现代的，与此地历史悠久的社区建筑形成一个对比，遗产中心要有开阔的视野能够看到维克维尔社区，公众要通过一条原始的泥土路才能到达这里，同时建筑的结构肌理要体现非洲的装饰艺术特色。

为了与历史性社区保持一致，文化遗产中心大楼保持在了一个较低的海拔高度。这个建造项目的可持续性特征体现在地热供暖和供冷系统以及大量使用可控的自然光线。设计元素包括使用非洲硬木，紫绿色斑驳交杂的石板，锌质屋顶和一个带有蚀刻玻璃的中庭结构，蚀刻玻璃上的图案为方平组织纹样，阳光会透过玻璃将纹样投影到游客徜徉的小径上。该项目正在申请 LEED 金级认证。

从街道视角看向中心的主入口

该中心经过景观美化后的庭院

维克维尔文化遗产中心在 2004 年受到了国家少数民族建筑师协会的
嘉奖，于 2006 年获得了由纽约市艺术委员会颁发的设计奖并于 2007 年
受到了美国建筑师协会纽约分会的嘉奖。

庭院里的座椅

中心的栅栏被阳光投影到人行道上，所形成的图案

在阳台上可以俯瞰整个庭院

一条玻璃走廊连接起了行政区与表演区以及新增的公共区域

文化遗产中心，图中的背景是
历史悠久的亨特福莱住宅区

>> 威科夫故居博物馆 (WYCKOFF HOUSE MUSEUM)

> 地址：布鲁克林区，克拉伦登路 5816 号
> 设计机构：n 建筑师事务所（n ARCHITECTS）
> 管理机构：纽约市文化事务局，2015 年

n 建筑师事务所正在设计位于布鲁克林区东弗莱特布什的威科夫故居博物馆，威科夫故居是纽约州最古老的房子，也是纽约市首批被指定的城市地标。这座新建的博物馆将设置文化教育综合办公室，并提供活动场所。博物馆被认为是一个入口，通过这个入口，游客可以从现代环境进入到 17 世纪 50 年代由荷兰人建造的威科夫故居，这座新大楼保留了原始故居的景观，同时为一些活动和各种各样的文化项目提供了一个带屋顶的户外区域。该项目正在申请 LEED 银级认证。

威科夫故居博物馆

入口大楼以及大楼东北方的景致

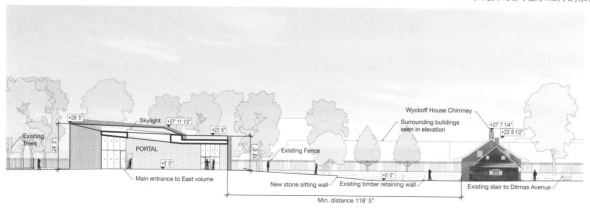

建筑规划图

从入口大楼的大门处看向威科夫故居

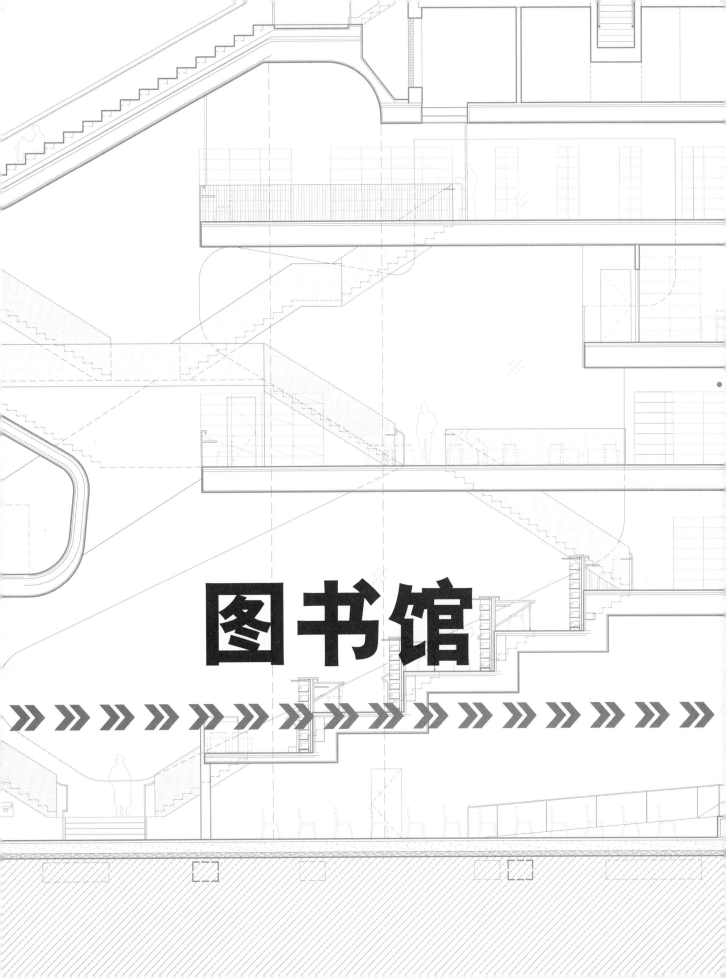

图书馆

⟫ 布朗克斯图书中心（BRONX LIBRARY CENTER)

> 地址：布朗克斯区，金斯布里奇东路 310 号

> 设计机构：达特纳建筑师事务所（DATTNER ARCHITECTS）

> 公共艺术百分比设计：伊尼戈·曼格拉诺·奥瓦列（Iñigo Manglano-Ovalle）

> 管理机构：纽约公共图书馆，2006 年

　　布朗克斯图书中心位于城区的重要位置，它扮演着多样化的公共角色，不仅为周边区域增添了建筑艺术色彩，同时还为公众提供了社区空间。该建筑的外立面设计是透明的铰接结构。馆内的每一层都被规划成一个大小合理的矩形公共区域，而周边不规则的区域则环绕着服务台、图书借还点以及其他小型的项目空间，以此来填补空缺。

　　对于这样一个占地面积达 78000 平方英尺的建筑来说，图书借还点的分布情况对于读者的借阅体验有着重要影响。每一个公共楼梯的设计都是独一无二的，为读者带来不一样的行进体验。从大厅到底层的楼梯间依据其位置特点，引入了伊尼戈·曼格拉诺·奥瓦列（Iñigo Manglano-Ovalle）的艺术作品：用彩色玻璃来描绘一位年轻读者的 DNA 序列。

黄昏时分的金斯布里奇路

玻璃窗使得街道、大厅和地下层相互之间构成了一种连通。通往大厅层的楼梯旁展现的就是伊尼戈·曼格拉诺·奥瓦列（Iñigo Manglano-Ovalle）的艺术作品——"一位年轻读者的肖像（Portrait of a Young Reader）"

四楼成人资料区及机房

三楼馆藏及阅读区

可以看到夹层的四楼资料区

二楼儿童故事书阅读区

布朗克斯图书中心同样还是拉美及波多黎各文化中心，其中包含大量的双语馆藏品，教育及文化项目和多媒体展品。地下大厅层还设置了会议室、计算机房以及一个能容纳 150 人的礼堂。这些空间都围绕着一间可用于接待和集会的公共展厅来分布。这是纽约市第一个由政府出资建造的项目，同时也是纽约公共图书馆系统中第一间获得 LEED 银级认证的图书馆。

二楼儿童活动区

➤➤ 东艾姆赫斯特图书馆（EAST ELMHURST LIB-RARY）

> 地址：皇后区，阿斯托里亚大街 95-06 号
> 设计机构：加里森建筑师事务所（GARRISON ARCHITECTS）
> 管理机构：皇后区图书馆，2015 年

这个项目主要是为了扩建一座位于繁忙街道旁，建于 20 世纪 70 年代的单层图书馆。这座野兽派风格的建筑由棕色砖块建成，占地面积达 7500 平方英尺。

为了更好地展现和举办图书馆内的活动，同时让这座建筑变得更加人性化，为青少年们提供一个具有吸引力且独立的环境，这座建筑面向街道的外围被设计成了连绵不断的玻璃房子。这样的处理方式将现有建筑变成了一件陈列在玻璃橱窗内的艺术品，连同新增的项目元素一起，构成了一个连贯的整体。

该设计为日益增长的年轻访客提供了 4390 平方英尺的额外空间、一个安静的阅读区，还为满足各个不同团体的活动需求专门设置了一个独立灵活的多功能空间。

现有空间和新增空间环绕着建筑内部一块经过景观美化的庭院。充足的阳光从巨大的天窗进入，照射到之前图书馆昏暗的角落，从图书馆的各个区域都能看到中央的绿化区。庭院被设计为阶梯状，以适应由于斜坡地形而造成的不同地面标高。这里为图书馆读者提供了一片自由灵活的阅读区域，同时也可以作为社区

有了新形象和新屋檐的建筑外观—

有了新形象和新屋檐的建筑外观

内部庭院

从上往下的视角观看建筑

活动室的入口和隔间。该项目耗资 340 万美元，设计建造耗时 16 个月。

　　该项目达到了 LEED 银级认证标准，包含了数个创新性的可持续设施，包括：庭院天窗中运用的恒温控制浮力空气自然通风设施，精心设计的、由太阳能控制的热回收通风系统，以及一个带绝缘玻璃的高性能封罩，该封罩利用一张悬浮的塑料薄膜使其耐热性提高了三倍。该项目于 2012 年获得了纽约市公共设计委员会颁发的卓越设计奖。

》 艾姆赫斯特图书馆（ELMHURST LIBRARY）

> 地址：皇后区，百老汇大街 86-01 号

> 设计机构：玛匹莱若与波雷克建筑师事务所（MARPILLERO POLLAK ARCHITECTS）

> 公共艺术百分比设计：艾伦·麦科勒姆（Allan McCollum）

> 管理机构：皇后区图书馆，2013 年

艾姆赫斯特图书馆运用了其内外部丰富多样的项目空间来强化其社区机构的属性。一条小道呈网格状贯穿在整个景观区域内，并沿着独特的角度进入到外面街道看不见的一块内部景观区域，将街道的活力带到了建筑当中。

图书馆入口处有一个大的开放式楼梯，正对着电梯，楼梯位于大楼和整个场所的中心位置，连通了图书馆内的两个主要楼层。图书馆内有两个从人行道上一览无余的玻璃阅览室，位于下方的那个阅览室放置了一个步入式书架，位于上方光线较为明亮的那个阅览室顶部有开放式的悬臂桁架。

主楼梯上下两层之间有着开阔的转角平台，透过转角窗可以俯瞰公

花园景观

艾姆赫斯特图书馆主入口

园，水平与垂直方向的流通路线增强了各个空间之间的连通感，读者能够通过这些流通路线上代表区域特性和方向的彩色入口进入到图书馆的不同功能区内。

在内外空间的设计方面，公共艺术起着十分重要的作用。艺术家艾伦·麦科勒姆（Allan McCollum）的作品"形状"墙（"SHAPES" wall）设置在位于百老汇大道主入口处上方的阅览室内，站在街上就能够看到。它吸引着过往的人进入到图书馆内并上楼观看。这幅作品很好地阐释了该建筑的设计理念，也是营造社会话题所必不可少的元素。

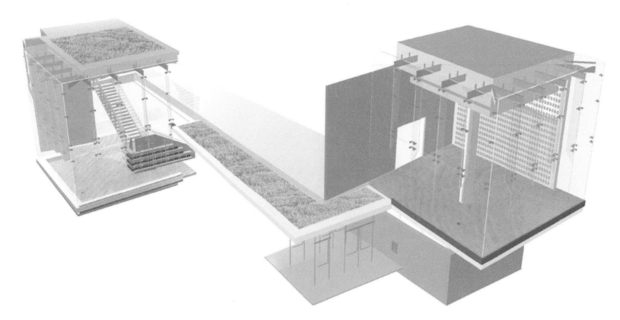

供访客行走的流通道路连接着百老汇大道和位于花园内的楼体

夜晚的花园内楼体景观

主阅览室及大楼梯

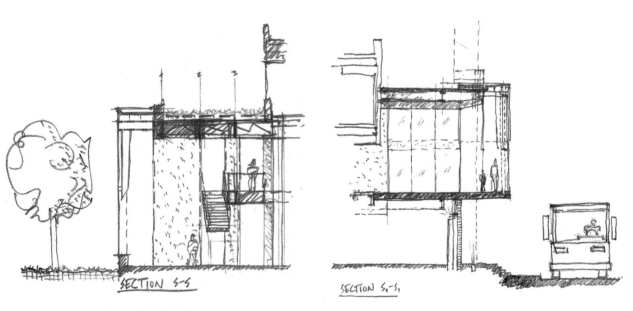

临着百老汇大道的立方块楼体的截面图草图

法·洛克威图书馆日景效果图

》法·洛克威图书馆（FAR ROCKAWAY LIBRARY）

> 地址：皇后区，中央大街 1637 号

> 设计机构：斯诺赫塔建筑事务所（SNØHETTA）

> 管理机构：皇后区图书馆，2016 年

原法·洛克威图书馆毁于 1962 年的一场大火之中

在 19 世纪末，法·洛克威成为纽约人躲避城市热浪的避暑胜地。

在 1962 年的那场大火之前，原先的卡内基图书馆一直是法·洛克威地区的宝贵资源之一，是许多著名学者的聚集地，比如：诺贝尔奖获得者理查德·费曼（Richard Feynman），巴鲁克·布隆伯格（Baruch Blumberg）和伯顿·里克特（Burton Richter）就常来此地。斯诺赫塔建筑事务所力图延续图书馆作为重要公共资源的这一特点，替换和扩展现有的图书馆以及青少年中心的相关设施，使之成为社区转型的催化剂。

这个建筑由一系列烧结的彩色玻璃拼接在一起，玻璃的渐变色彩使人联想起附近海岸边的天空。图书馆简约的外观和表面肌理与其所处交叉路口的其他零售商店的设计形成了一种冷静的对比，颇有些闹中取静的含义。半透明的玻璃外立面可以微微透露出图书馆内部的活动，但同时又为馆内人员保留了一定程度的隐私。中庭空间的设计一方面可以让自然光线照射进来，照到图书馆深处的底层地面，另一方面又能够为场馆内部的人提供观赏天空的视野。

该设计将至少降低 25% 的能耗，这座图书馆的建筑设计方案也正在申请 LEED 银级认证。

▲▼ 建筑结构的细节分析

外立面的主视图细节

法·洛克威图书馆的内部中庭

法·洛克威图书馆的夜景效果图

》格伦·奥克斯图书馆 (GLEN OAKS LIB-RARY)

> 地址：皇后区，联合大道 256-04 号
> 设计机构：马尔博·费尔班克斯建筑事务所（MARBLE FAIRBANKS）
> 公共艺术百分比设计：珍妮特·茨威格（Janet Zweig）
> 管理机构：皇后区图书馆，2013 年

格伦·奥克斯图书馆外立面

　　重新设计后的图书馆占地面积为 18000 平方英尺，是原来的格伦·奥克斯图书馆面积的两倍。馆内包括一系列适合成年人、青年人和孩子们的阅览室和馆藏，社团会议室，数字工作站，室外阅读花园和景观广场。为了适应附近住宅区的整体尺度规格，并且符合区划要求，图书馆一半的内部空间都被设计为地下结构。毗邻图书馆大楼入口处有一个两层高的空间，为较低楼层提供了足够的自然光。广场上的天窗让自然光线得以穿过波浪状起伏的天花板，照射下来，以光的投影来定义特定的阅读区域。

格伦·奥克斯图书馆坐落于一个小规模商业区和住宅区的交接处

"搜索"（search）这个单词在外立面上随一天
时间的变化而变化，呈现出时间流逝的过程

地下阅读区借顶部广场上的天窗透下来的光线被照亮，波浪状起伏的顶板所覆盖的区域就是阅读区

位于底层的成人阅览室

　　在各个立面上，建筑的体量和所使用的材料都和与之对应的不同场景环境相呼应。图书馆内部的空间又是开放式的，总共有三层，在每一层都设有阅览室。在建筑外部材料的选择上，考虑到图书馆的规模和与附近住宅区的匹配性，运用了 U 形玻璃和纤维水泥板，图书馆的正面采用一大片玻璃落地窗，便于人们清楚地看到二楼儿童区域的情况以及给儿童区域提供更好的向外观看的视野，也表达了图书馆与附近社区之间的归属关系。

　　单词"搜索（search）"经自然光线的照耀被投射在外立面上，并且随着季节和阳光照射强度的变化，字的大小和亮度也会随之变化，为当地环境创造出一种流动而瞬息万变的景象。为了适应格伦·奥克斯当地文化的多元性，图书馆地上一层的彩釉玻璃图案中含有被翻译成了 29 种不同语言的单词"搜索（search）"，这 29 种语言也是当地的常用语言。

▲ 底层成人阅览室通过一个开放式楼梯与主层相连
▼ 青少年阅览室和室外阅读花园

≫ 猎人角社区图书馆（HUNTERS POINT LIBRARY）

> 地址：皇后区，中央大街与第 48 号大街
> 设计机构：史蒂芬·霍尔建筑师事务所（STEVEN HOLL ARCHITECTS）
> 公共艺术百分比设计：朱莉安·史瓦茨（Julianne Swartz）
> 管理机构：皇后区图书馆，2015 年

纽约东河河岸边的显著位置，加上一个可以遥望曼哈顿的绝妙视野，这一切都足以激发设计师的创作灵感，因此，在猎人角社区图书馆的西立面上进行雕刻镂空，以便打通图书馆内部的主要流通区域和外部的视野是设计师利用这一地理位置优势所进行的绝妙处理方式。从开放式的入口空间往上是图书馆的楼梯，楼梯侧面竖立着一排排的书架，因为书架沿着楼梯呈上升趋势所以书架的正反两面存在着阶梯的高低落差，因此书架的一面放书，另一面被设计成为阅读书桌。读者在入口处所看见的景观是图书馆的馆藏，而沿着楼梯往上则能望见纽约东河和曼哈顿的风光。

跨过东河，从罗斯福岛上也可以看见新的猎人角社区图书馆

包裹在图书馆外层的泡沫铝的模
型细节

新图书馆后方公共阅读花园内银杏树丛的景观模型

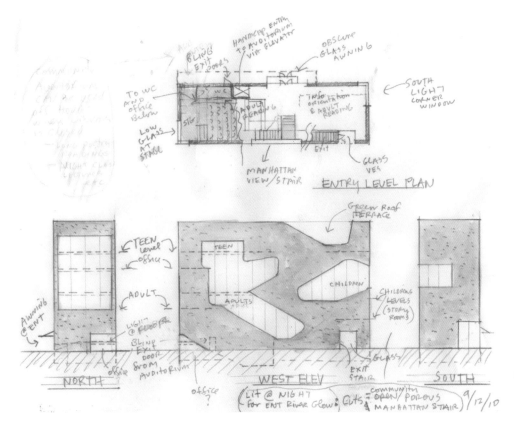

新图书馆设计草
图，描绘了建筑
的各个立面

图书馆内拥有"曼哈顿视野"的楼梯阅览区二

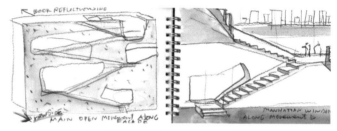

图书馆内拥有"曼哈顿视野"的楼梯阅览区一　　用水彩草图描绘的图书馆流通区域以及拥有"曼哈顿视野"的窗户

用水彩草图描绘的拥有"曼哈顿视野"的楼梯阅览区

　　该建筑占地面积为 21000 平方英尺，从图书馆东立面镂空的部分能看到馆内进行了儿童区、青少年区和成人区的划分。新图书馆的建筑结构是开放且流动的，但馆内布局却十分紧凑，以便达到最大的能效以及最大限度地提供公共空间。图书馆配备有网络中心、会议室和室外露天剧场。

　　沿着场馆的西侧有一个长条形的循环水水池，周边环绕着本是生长在东河河岸边的野草；青蛙、乌龟和鱼类栖息在这个全年都充满生机的天然水池内。在东边入口处，图书馆馆体和一个公园办公亭围成了一个公共阅读花园，园内种满了银杏树。在馆内沿着楼梯拾级而上，读者可以到达顶端一个拥有着极佳全景视角的屋顶阅读花园。晚上的时候，新图书馆发光的外表与作为东河河滨地标的百事可乐广告牌和"长岛"标识牌交相辉映，共同构成了这一地区极具吸引力的标志性景观。

　　该建筑采用织物混凝土材料，暴露在外，内部被刷成了白色。而外部的隔热层和外立面所用的泡沫铝防雨层使得整座建筑看起来有一层微微的亮光，却又不会过分耀眼。建筑外层材料运用的是百分之百的可再生金属铝，这也是新建筑整体绿色环保设计的其中一环。该项目于 2010 年获得了纽约市公共设计委员会颁发的卓越设计奖。

图书馆内景

» 肯辛顿图书分馆 (KENSINGTON BRANCH LIB-RARY)

> 地址：布鲁克林区，第18大街4211号

> 设计机构：森建筑师事务所（SEN ARCHITECTS）

> 公共艺术百分比设计：卡罗尔·梅（Carol May）和蒂姆·沃特金斯（Tim Watkins）

> 管理机构：布鲁克林公共图书馆，2012年

　　新建的肯辛顿图书分馆为附近街区带来了急需的教育辅助资源，因此收获了许多市民的喜爱。在增加了许多新的功能项目之后，现今的图书馆已逐步成为了社区各类活动的中心，越来越多不同年龄段的团体都会选择来到这里。

　　图书馆位于一条繁忙的大街上，面对大街的那一面是透明公开的，向人们展示着图书馆内的阅览空间。第一层设有图书借还处、主阅览区、几个书库和一个专门为青年人开辟的独立区域。地下室设有一个大型的会议室，可以经由馆内的主楼梯直接到达。儿童区域在二楼，在儿童区设置有折叠式婴儿车停放点、极具趣味性的故事书阅读区以及一个以当地艺术家的作品作为主要装饰特色的大厅，这些设计无不体现出图书馆在营造用户的友好体验上所做出的努力。

　　这个面积20000平方英尺的图书馆最主要的特点就在于它在两层楼体的

KENSINGTON BRANCH LIBRARY
interior Section

建筑剖面图

一楼阅览室

中心位置都建造了天窗区域。屋顶方形天窗的上方还有一个简易的百叶窗系统，以控制进入馆内的光线强度。二楼的一个圆形开口能够让光线进入一楼阅读区的核心处。天窗加上北边的玻璃幕墙使得整个图书馆白天都能沐浴在阳光之下，完全不需要使用人造光源。外部有遮阳百叶窗保护着的东面和南面的玻璃，同时也能够为图书馆增加额外的光照。

建筑的外部是一个处于当前技术发展最新水平的雨幕系统，它由几块赤褐色的面板开口接合而成，这些面板是德国制造的。开口接合系统保证了建筑最外层和它下面的隔热墙之间空气的流通。这座图书馆的其他可持续设计还包括一个日光调节系统以及一个运用冷凝式锅炉和变风量箱的高效机械系统。该建筑正在申请 LEED 银级认证。

专门用于给儿童讲故事的房间

二楼专为幼儿设计的阅览室

二楼阅览室

主楼梯

≫ 秋 园 小 丘 图 书 馆 (KEW GARDEN HILLS LIBRARY)

> 地址：皇后区，Vleigh 广场 72-33 号
> 设计机构：WORK 建筑公司（WORK ARCHITECTURE COMPANY）
> 管理机构：皇后区图书馆，2014 年

图书馆日景效果图

秋园小丘图书馆，其前身是 Vleigh 图书馆分馆，一直是社区活动的一块基石，该图书馆无论是到馆人数和借阅数量都经常高居全国图书馆数据榜的前列。为了满足不同年龄段读者日益增长的需求，WORK 建筑公司在图书馆的两侧都扩建了更大的公共活动空间，并对之前的图书馆进行了全面的翻新工作。额外增加的空间上方加盖了一层景观屋顶，使其与图书馆侧面的花园相呼应，形成一个连续多面的绿色景观环。

图书馆夜景效果图

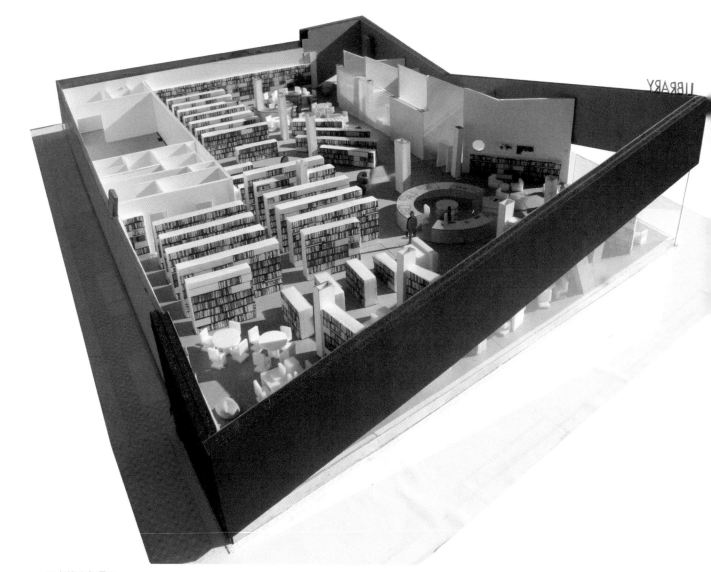

图书馆内部景观

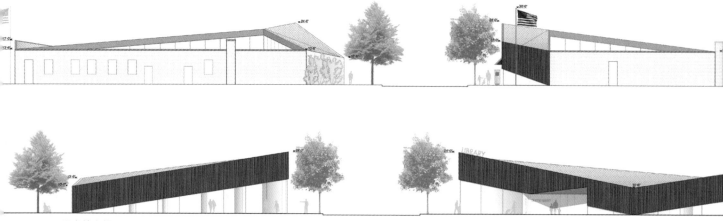

图书馆主视图

这个如同窗帘一般的波浪形水泥立面被直直地树立起来，形成一条"缎带"，界定着图书馆内部的活动范围，这条"缎带"与地面之间的间隙由开阔的玻璃窗来填充，水泥"缎带"成为了这座图书馆的标志。"缎带"最突出的那一个角所包裹的内部区域就是公共面积最大的主阅览室，而第二个"小高峰"则是儿童阅览室。在两个高峰之间，水泥立面下沉，以挡住员工工作区域，保护隐私。水泥"缎带"的设计同时也为建筑扩建的区域提供了结构上的支撑，因为有了这个支撑，所以图书馆的扩建部分沿长度方向仅仅用了两根承重柱。

将这个水泥立面的其中一部分折叠起来，使其位于街面上方与街面平行，就形成了一个遮挡篷，就好像人们在看到一本自己喜欢的书时会折起书页记录自己所看到位置一样。

水泥立面材料细节展示一

水泥立面材料细节展示二

图书馆模型

>> 金斯布里奇图书分馆（KINGSBRIDGE BRANCH LIBRARY）

> 地址：布朗克斯区，第 231 号大街西 291 号
> 设计机构：普伦德加斯特·劳雷尔建筑师事务所（PRENDERGAST LAUREL ARCHITECTS）
> 管理机构：纽约公共图书馆，2011 年

隶属于纽约公共图书馆的原金斯布里奇图书分馆由麦克金、米德与怀特（McKim，Mead & White）设计，由安德鲁·卡内基（Andrew Carnegie）出资，于 1905 年在布朗克斯区对外开放，图书馆的位置毗邻长长的被填埋起来的斯普依登·杜依韦尔湾（Spuyten Duyvil Creek）。为了扩展原先狭小的空间，图书馆最近买下了附近的一块转角地。这块转角地不同寻常的地方在于，它的平均水平高度比旁边的人行道要低 12 英尺，而且这个地点的南面和东面都被散石堆成的高墙包围着。

这个图书馆共占地 12000 平方英尺，包括独立的成人阅览室和儿童阅览室、几个书库和一个公共交流室、一个儿童故事书阅读室和几个服务办公室。

图书馆外部

从楼上的中庭阳台往下俯瞰

下部放置了天然石块的楼梯

图书馆的两个临街的立面都位于石墙之后，形成了一个向内凹的 L 形院子——一个"大隐于市的花园"。这个室外"房间"种满了竹子，简单铺设了小径，放置了天然片岩做的被命名为"学者"的石椅。

读者可以通过一座架设在花园之上，由玻璃和水泥制成的小桥进入到馆内。邻近的电梯塔竖立在入口处，看起来就像是建筑里有一座钟楼一样。公共交流室坐落在图书馆东边的角落，为一个有着曲面金属外壳的菱形结构，交流室的南面就是图书馆的中庭。

这座建筑还拥有布朗克斯区年代最久远的景天属植物绿化屋顶，一方面为图书馆提供了隔热层以节约能源，同时可以过滤储存雨水，另一方面也为周边地区的绿化做出了贡献。福特汉姆大学（Fordham University）已经计划要开展一个项目，专门研究绿化屋顶对维持布朗克斯地区的生物多样性所产生的作用。

为了增加到馆人数，同时使图书馆更好地融入周边环境，设计师在街道、花园和内部阅览室之间设置了一个 25 英尺高、南面

成人阅览室

朝向的玻璃中庭，中庭的玻璃外部还设有遮阳用的铝制百叶窗。中庭不仅为图书馆内部引入了阳光，同时也在视觉上将阅览室、石墙以及花园连接了起来，并且由于透明的中庭能够向外展示图书馆内的活动，所以连带着街道也变得更加生动了。作为内部花园的延伸，沐浴在阳光中的主楼梯也位于中庭内，成了两个楼层间的点睛之笔。

阅览室位于图书馆的中心位置，并且配备有定制的波罗的海桦木电脑桌，还为手提电脑布好了线。传统的媒体资料则储存在半透明再生树脂板做的架子上，且都按颜色做了编排。儿童阅览室和故事书阅读区都配备了由当地一位手工艺人制作的羊毛软垫，为孩子们提供坐的地方，同时这些彩色的垫子还与书架的彩虹色相呼应。

打磨过的水泥地板为人来人往的阅览室提供了一块耐久且完整的地面。阅览室采用的是隔声的多孔再生铝制顶棚。木制顶棚和吸声木板墙为故事阅读区和公共交流室提供了更加私密的空间。北面和西面的墙体由板状混凝土和再生地面混凝土砌体交错排列组成，增加了材质的多样性和耐久性。

金斯布里奇图书分馆于2005年获得了由纽约市艺术委员会颁发的卓越设计奖。

图书馆大量的木制品都被保存了下来，并且还保留有之前富丽堂皇的风貌

» 梅肯图书分馆（MACON BRANCH LIBRARY）

> 地址：布鲁克林区，路易斯大街 361 号

> 设计机构：森建筑师事务所（SEN ARCHITECTS）

> 管理机构：布鲁克林公共图书馆，2008 年

梅肯图书分馆位于斯图文森高地历史街区（Stuyvesant Heights Historic District），周围的建筑都是三到四层高的 19 世纪风格砖石结构住宅。图书馆由理查德·沃克尔（Richard Walker）设计，建筑结构严谨对称，属于古典复兴建筑风格，这也是上个世纪初慈善家安德鲁·卡内基（Andrew Carnegie）出资建造的众多图书馆的其中之一。

该建筑拥有卡内基图书馆的一切特点：红砖建造，窗户和入口处都点缀有石灰岩修边装饰。图书馆为单层建筑，但有一个可利用的地下室和一个占据了屋顶大部分结构的阁楼。从入口往前可以进入到一个被抬高的镶着木板的前厅，前厅里的图书借还处和主要阅读区需要爬楼梯才

图书馆大量的木制品都被保存了下来，并且还保留有之前富丽堂皇的风貌

能到达。阅览室拥有高高的顶棚，还有一些华丽的石膏雕塑，室内周边是内置式的木质书架，还有几扇高大的窗户，为室内提供了充足的自然光线，图书馆最初的照明系统是由一系列从高顶棚上垂吊下来的大小不同的装饰灯所构成的。

图片来自布鲁克林公共图书馆的馆藏历史文献一

图片来自布鲁克林公共图书馆的馆藏历史文献二

图片来自布鲁克林公共图书馆的馆藏历史文献三

图书馆内部

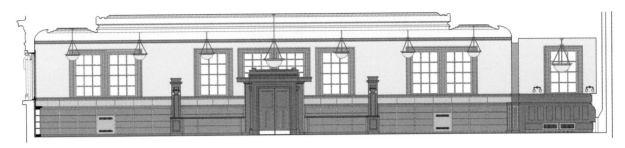

剖面图展示了新的垂吊灯样式

图书馆在 20 世纪 60 年代到 70 年代之间曾进行过几次设施升级改造。一个 4×2 的荧光灯网格悬挂在当时还只有 21 英尺高的顶棚上，中间隔了 10 英尺，但空调导管却被随意地安装在这个空间当中，彻底破坏了高顶阅览室和壁龛想要带来的效果，渗入到室内的水也破坏了许多现存的木质建筑材料。

在仔细研究过现存的建筑结构、原始绘画和照片之后，森建筑师事务所想出了一个办法，在完美保存旧风貌的同时又能够加入一些新的元素。具体内部改造的内容包括重新替换所有的照明和机械系统，另外划分出一个单独的空间作为美籍非裔文化遗产中心。空调导管也被重新布置在了高层阁楼上，而风扇的线圈组也被重新装饰，和新的内置式家具风格保持一致。新的照明系统重新被设计成原始建筑的风格，原先从高顶垂吊下来的不同大小的装饰灯也换成了符合现今能源规格的高能效灯饰，但依旧维持了之前的形状和样式。对于这些新加入的科技元素，设计师们都努力保证它们能够很好地与新的内置家具融为一体。穿过阅览室，美籍非裔文化遗产中心的房间入口与已有的木质建筑材料很好地进行了互补。

这个项目成功地将空调、计算机科技技术和许多现当代建筑规范要求都完美融入了这座百年老屋当中，将它改造成了一个为公众所喜爱并且乐于经常使用的公共空间。

》》 水手海港图书分馆 (MARINERS HARBOR BRANCH LIBRARY)

> 地址: 斯塔滕岛, 南大街 206 号
> 设计机构: 阿特里尔·帕格纳门塔·托利亚尼建筑设计工作室 (ATELIER PAGNAMENTA TORRIANI)
> 管理机构: 纽约公共图书馆, 2013 年

隶属于纽约公共图书馆系统的新水手海港图书分馆坐落于水手海港区海拔最高的地方, 是一座占地面积达 16000 平方英尺的单层建筑。它的设计灵感来源于一个撬开的牡蛎壳, 粗糙的外表下包裹着光滑如珍珠母般的内在, 这一设计也是在向这个地区丰富的航海和采牡蛎历史致敬。

阿特里尔·帕格纳门塔·托利亚尼建筑设计工作室采用了一种最为前沿的设计方法, 使得建筑的外部结构可以流畅地延伸至建筑内部。因此, 它也成为纽约公共图书馆系统中第一间拥有地平面高度的户外阳台的图书馆。

透明的玻璃幕墙和天窗最大限度地降低了在图书馆开放时间内, 读者对于顶部灯光照明的需求。后花园里现有的已经成年的树木环绕着阳台。新建筑还拥有欣赏室外风景的视野, 配备了自助借还书系统和免费的无线网络服务, 并设置了阅读和开会用的区域。

现在图书馆的多功能房间已经对周边社区开放。图书馆内还设有为成年人和青年人准备的休息区, 以及为孩子和父母准备的故事书阅读区。

该项目已获得由纽约市公共设计委员会颁发的卓越设计奖, 并且有望获得 LEED 银级认证。

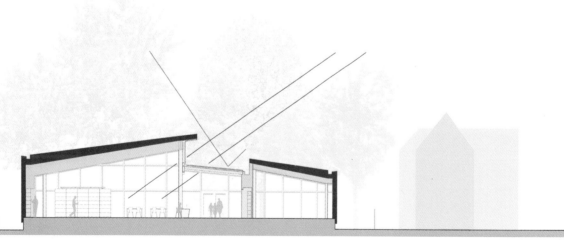

建筑剖面图

建筑外部景观一

建筑外部景观二

阅读区域

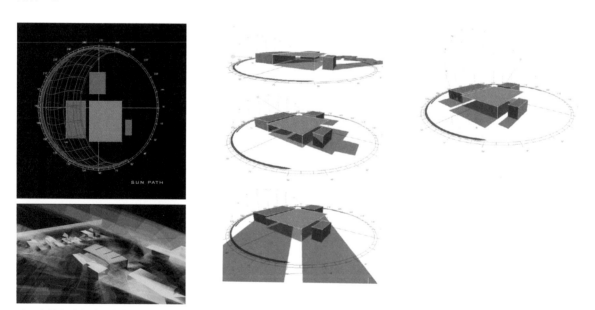

对图书馆自然光线照射角度所进行的研究

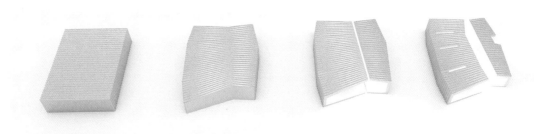

确定建筑区域边界　　　塑造建筑景观外部空间　　　功能区与流通区的划分　　　考虑自然光照的要求

建筑结构的演变过程

建筑外壳

外壳是绝缘金属框架上的立缝镀锌层

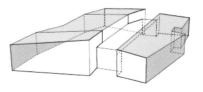

外立面玻璃

外立面玻璃采用的是低辐射绝缘玻璃。设计师对这些玻璃进行了眩光研究，以确定暴露在东立面和西立面的烧结图案所需的密度来控制热增益调制光，同时又能满足观看所需的透明度。烧结图案也将最大限度地减少大楼被鸟类影响的可能性

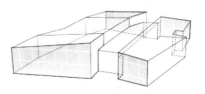

天窗玻璃

流通脊梁上的天窗玻璃是带有整体百叶窗的技术玻璃，百叶窗的角度被调整优化过，以便北边的光线能够照射进来，同时偏转直射光

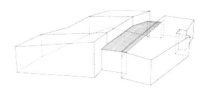

建筑中所使用到的材料

建筑外部景观，重新修缮的灯饰和立面　　　图书馆室内景观

图书馆室内效果图

≫ 里奇伍德图书馆（RIDGEWOOD LIBRARY）

> 地址：皇后区，麦迪逊大街 20-12 号

> 设计机构：贝伊罕·卡拉汉联合建筑师事务所（BEYHAN KARAHAN & ASSOCIATES，ARCHITECTS）

> 管理机构：皇后区图书馆，2010 年

这个新都铎建筑风格的双层图书馆由亨利·C·巴克纳（Henry C. Buckner）设计，在经过将近十年的设计建造后于 1929 年向公众开放，成为当时第一座完全由市政府出资建造的图书馆。自从图书馆建成以来，一共经历了好几次大型的翻新工程。在 1929 年至 1963 年间，前门入口区域，包括大阶梯在内，都被围封了起来，建筑也向西边扩展了大约 36 英尺。同时建筑内部还在主楼层之间增加了一个中层，为日益增多的馆藏提供了额外的储存空间。1966 年又再次对前门入口处进行了改造，这一次将之前的简易小窗换成了更具历史气息的大窗。

皇后区图书馆想要将这个分馆改造成一个具有现代气息并且包含当代科技元素的图书馆，因此便顺理成章地有了这一次的翻修。在建筑翻修的过程中，一方面是要尽可能地保留原有的建筑特点，另一方面又要满足读者对现有项目功能的要求。原先的外部灯饰和立面经过了精心地修缮，同时内部的顶板高度被抬升，以展示原有的内凹型石膏装饰线条以及从主服务台发散开来的书架系统。

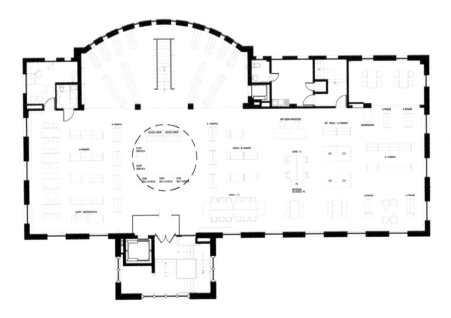

楼层规划图

皇后区中央图书馆，儿童图书馆探索中心 (QUEENS CENTRAL LIBRARY，CHIL- DREN'S LIBRARY DISCOVERY CENTER)

> 地址：皇后区，梅瑞克大道 89-11 号

> 设计机构：1100 建筑师事务所（1100 ARCHITECT）

> 管理机构：皇后区图书馆，2011 年

周边的墙体被加厚，满足了安静
阅读和私密社交的需要

　　明亮的儿童图书馆是一个充满节日欢乐气氛的二层白墙建筑，紧挨着 1966 年由约克 & 索亚建筑公司（York & Sawyer）采用大理石和石灰岩建成的皇后区中央图书馆。儿童图书馆为孩子们提供了装有软垫的椅子、彩色靠枕、长椅和电脑桌，让他们可以自由地在图书馆内活动。图书馆坐落在一个繁忙的街角，周边环绕着中高层的公寓和小商店。外立面的玻璃墙好似社区内的灯塔，有力地增加了图书馆的通透性，并使其重新成为了此地的社会文化中心。

　　建筑的外表面由四种不同的玻璃——透明玻璃、半透明玻璃、不透明玻璃和磨砂玻璃所组成。它色彩缤纷的室内景致通过透明的大窗户对外显露于街道上，同时让充足的阳光照进室内，以此增强了室内外的对话。

1100 建筑师事务所计划对占地 275000 平方英尺的皇后区中央图书馆进行
修复和现代化改造，而儿童图书馆探索中心项目的竣工，标志着这一改造
项目总体规划第一阶段目标的实现

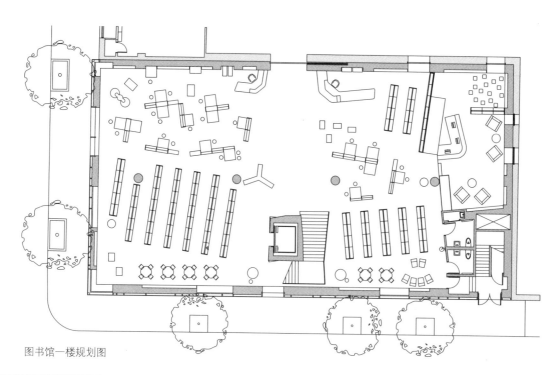

图书馆一楼规划图

基于现象的展览在分散于图书馆各个书库内的科学主题小广场上展出，这些展览对于营造图书馆体验式的学习环境大有作用

纽约时报的建筑评论员迈克尔·基莫尔曼（Michael Kimmelman）将儿童博物馆探索中心形容为"一场重塑城市建筑的悄无声息的革命"

楼梯作为雕塑元素存在于空间之中，并故意放在与入口相反的地方，以此来提醒读者儿童图书馆包含有两层楼，并建议使用楼梯而非电梯

"儿童图书馆探索中心为全城范围内的孩子们提供了进行文学、数学和科学探索的丰富资源。它将孩子们从家庭作业的世界中解放了出来，引领孩子们进入到另一个有趣的世界。"皇后区图书馆传媒总监乔安妮·金（Joanne King）如是说

　　儿童图书馆的入口设置在了熙熙攘攘的中央图书馆内。门上鲜艳的红色大字吸引着孩子们进入到"探索！"（"Discover！"）区域，在这里有大量的益智玩具和精心摆放的书籍在等待着孩子们过来游戏放松，接受教育的熏陶，或是独立完成科学实验。墙上的壁画、位于头顶的移动装置还有地板上颜色鲜艳的图案在为孩子们引导路线的同时又让人感到赏心悦目。

　　儿童图书馆探索中心正在申请 LEED 银级认证。该项目的可持续设计元素包括一个高效能的立面，节能型的机械和照明系统，地板辐射采暖，可回收的低放射性材料以及节水系统。图书馆开馆不到一年的时间，这个项目就因为它对周边地区所起到的促进作用而获得了纽约市政艺术协会杰作奖（Municipal Art Society MASterwork Award）。

新的外立面样式和视频投影墙构成了该中心的新入口，成了图书馆的标志性存在

≫ 朔姆堡黑人文化研究中心（学术中心） [（SCHOMBURG CENTER FOR RESEARCH IN BLACK CULTURE（CENTER FOR SCHOLARS）]

> 地址：曼哈顿，马尔克姆 X 大街 515 号
> 设计机构：达特纳建筑师事务所（DATTNER ARCHITECTS）
> 管理机构：纽约公共图书馆，2007 年

针对朔姆堡黑人文化研究中心的翻修计划包括创建一个专为学者开设的学术中心，同时还要重构几个主要的公共空间。中心大楼全新的玻璃立面上架设了一面电子幕墙，这样即使在夜间也能够在大街上看到研究中心。新建的入口向周边地区宣告着研究中心的存在。之前大楼内的阅览室有两层高，在经过改造之后，设计师用一部分地板将其隔成了上下两层，这样便形成了一个与街道平齐的展厅。从展厅可以望见阅览室，经过改造后的阅览室，顶部还加盖了消音木板。整个房间的布置富有戏剧性，是专门为艺术家阿伦·道格拉斯（Aaron Douglas）创作于 1934 年的四幅签名壁画"黑人生活的方方面面（Aspects of Negro Life）"而设计的。

新的学术中心还有一个专为朗诵会和讲座开设的讨论区域，以及独立的办公室和一间会议室。这个项目占地面积达 16000 平方英尺，针对阅读区、资料区、电子文献搜索区、照片打印室、书库和入口门厅进行了重新整修。

入口大厅

学术中心

展厅景观一

展厅景观二

图书借还处

阅览室

》》朔姆堡黑人文化研究中心（扩建区域和广场）[(SCHOMBURG CENTER FOR RESEARCH IN BLACK CULTURE (ADDITION AND PLAZA)]

> 地址：曼哈顿，马尔克姆 X 大街 515 号
> 设计机构：马尔博·费尔班克斯建筑事务所（MARBLE FAIRBANKS）
> 管理机构：纽约公共图书馆，2015 年

纽约公共图书馆下属研究单位之一的朔姆堡黑人文化研究中心，是一间致力于收集、研究及保存非洲历史与文化资料的机构，在全世界都享誉盛名。它的馆藏包括五个部分的内容：书籍与文章；艺术作品及工艺品；手稿、资料及珍贵书籍；动态影像和录音资料；照片与印刷品。研究中心是纽约哈雷姆黑人住宅区文化生活的一个活跃枢纽，为关于黑人生活和全球非裔历史的研究提供着支持与帮助。

大楼东立面的细节展示

位于第 135 号街和马尔克姆 X 大街的大楼东南角上有一块很大的电子屏幕

这个项目的设计目的在于通过向街边的行人展示部分馆藏和馆内活动，来增加研究中心与公众及周边黑人住宅区的沟通与交流。该项目的设计特点包括高清 LED 显示系统，交互式信息面板，历史文物的展示橱窗以及一个新建的景观广场。广场经过精心的设计，铺设了植被和小径，在展区附近还特别设置了座椅。扩建的内容包括新建了一间礼品店，以及在为研究中心的手稿、资料及珍贵书籍区域进行内部修整时新增了一间会议室。

大楼的东立面运用不同规格的数字显示系统展示了朔姆堡研究中心的多媒体馆藏

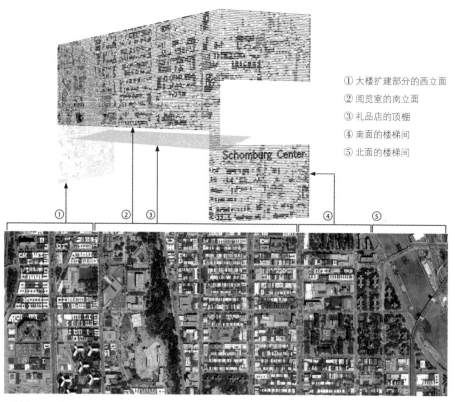

① 大楼扩建部分的西立面
② 阅览室的南立面
③ 礼品店的顶棚
④ 南面的楼梯间
⑤ 北面的楼梯间

大楼东南角的玻璃和金属板上的图案描绘的是哈雷姆黑人住宅区的地图

大楼外做了景观美化的广场上有一片置于树荫下的座位区

≫ 斯台普顿图书馆 (STAPLETON LIBRARY)

> 地址：斯塔滕岛，运河大街 132 号
> 设计机构：安德鲁·伯曼建筑师事务所（ANDREW BERMAN ARCHITECT）
> 管理机构：纽约公共图书馆，2013 年

　　作为纽约公共图书馆的分馆之一，这个占地面积达 12700 平方英尺的新图书馆，在建于 1907 年，由美国建筑师卡尔雷尔和黑斯廷斯（Carrère and Hastings）设计的卡内基图书馆的基础上，用玻璃墙围起了一个扩建空间，里面有充足的灯光照明。之前的建筑结构拥有一个传统的门廊和高大的拱形窗户，在这一次的项目当中都全部被改造成了儿童阅览室。图书馆延伸到了旁边一块有坡度的空地上，在这里新建了一个入口，可以使访问者无须登上台阶就能进入到馆内。青少年和成人的阅读和研究区域都设置在了新建的楼体空间内，中间隔着一间透明的公共活动室。

斯台普顿图书馆外部景观

在这个 7000 平方英尺的扩建空间里，设计师使用了胶合叠板的花旗松制的柱子、横梁和托梁，构建出一个高效节能又温暖的外露式结构。新的木材和之前的卡内基图书馆楼体内所使用的书架的橡木材料很相似。新的图书馆被设计成了一个开放便捷又精密完美的新旧结合体。现在图书馆拥有明亮的阅览室，50 台全新的台式电脑，无线网络和懒人沙发，还有可以随意取用的轮椅。

　　节能元素，比如天窗和幕墙，最大化地利用了室内的自然光照。一个地面辐射供暖系统保证了冬日里室内的温度。

　　图书馆位于斯塔滕岛的东北角，被视为一座充满生机与活力的现代公共机构，将带动斯台普顿城市中心的兴旺。建筑师们当初在为这座新图书馆划定区域范围时，特地在图书馆前面留出了一块公共区域，以便无论是在视觉上还是实体上，图书馆都能够与对街的塔彭公园（Tappen Park）和维多利亚中心相连。

入口处的细节展示

成人阅览室

服务台

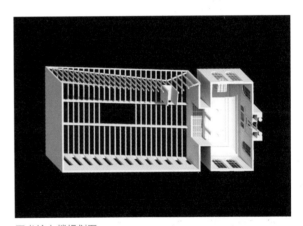

图书馆大楼规划图

阅览室内半透明的中心

主阅览室内的景观，以及中央开放式楼梯

≫ 伍德斯托克图书分馆 (WOODSTOCK BR-ANCH LIBRARY)

> 地址：布朗克斯区，东 160 大街 761 号
> 设计机构：赖斯＋利普卡建筑师事务所（RICE+LIPKA ARCH-ITECTS）
> 管理机构：纽约公共图书馆，2015 年

这个项目彻底改造了位于布朗克斯莫里萨尼亚街区，由麦克金、米德和怀特（McKim，Mead & White）设计的图书分馆。这个占地面积达10000 平方英尺的图书馆因此拥有了一个崭新的现代形象以及完全对公众开放的内部环境，并获得了 LEED 银级认证。该项目进一步实现了纽约公共图书馆的目标——提供更广泛的信息渠道和特殊项目及活动，为青少年和孩子们创造一个有利于成长的环境。

在改造这座简约却又气势恢宏的图书馆的过程当中，设计师发展出了一种新的方式和方法论，即恢复它在空间设置和组织结构方面的已有优势，同时增加充满活力的现代建筑构造元素来增强其独特性。这样一来就使图书馆增加了更多的功能以及用以支撑这些现代功能使其得以实现的技术元素。

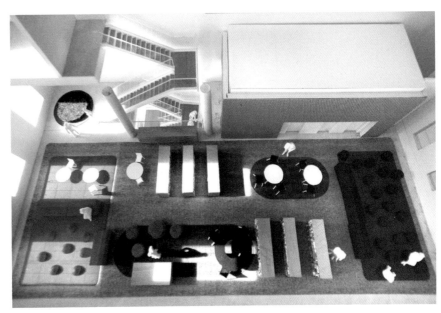

一楼成人和青少年区的实体模型

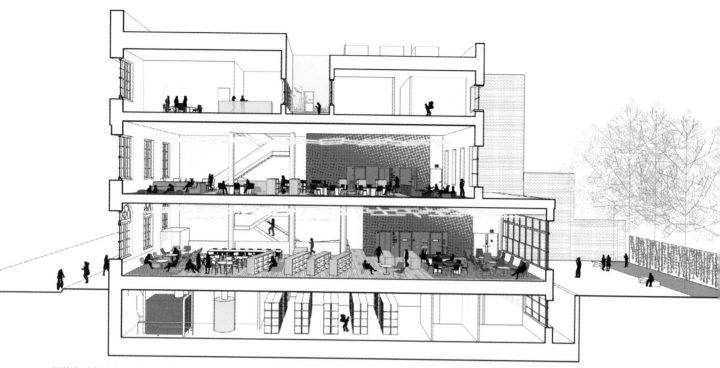

新的多功能空间、成人与青少年阅读区域以及儿童层的解剖透视图

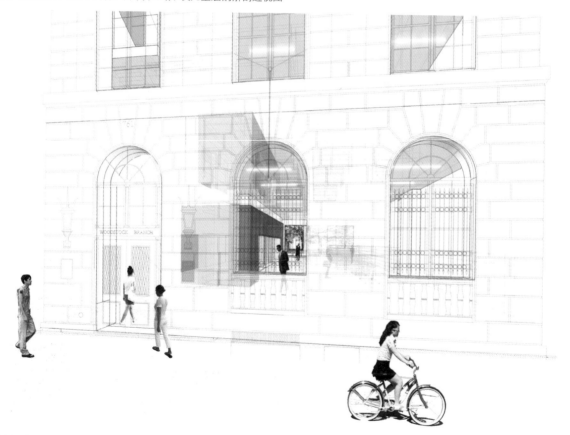

从街道看向图书馆

一楼成人阅读休息室与开放式
玻璃阶梯的模型

一个新造的斜坡方便了轮椅和婴儿车通行。新的开放式楼梯通往上面的楼层，另一边还有圆形的 LED 信息公告栏滚动显示着图
书馆内的公告和活动信息

卫生与
公共
服务

相比于其他服务类的建筑设施或安全设施来说，为公众提供社会服务的建筑通常要求更加的灵活多变。不同于警察局、消防站、博物馆和图书馆，这些建筑为之服务的都是对健康或幸福生活有着特定需求的人群，而且往往对时间性有着十分严格的要求。这些设施主要包括诊所、福利院、动物收容所和其他一些社会服务设施。

诊所的候诊室，其特色是墙壁由木头和石材构成，还拥有一个弧形的金属顶棚

>> 哈雷姆中央区医疗中心 (CENTRAL HARLEM HEALTH CENTER)

> 地址：曼哈顿，第五大道 2238 号

> 设计机构：史蒂芬·亚布隆建筑师事务所（STEPHEN YABLON ARCHITECT）

> 管理机构：纽约市健康与心理卫生局，2008 年

　　这间占地面积达 7000 平方英尺的医院位于由麦克金、米德和怀特（McKim，Mead & White）所设计的地标性建筑——历史悠久的公共医疗中心大楼内，医院一直在向外传递着一种平和安宁的感觉，使前来检查、就诊或问诊 HIV/AIDS 和其他性传播疾病的患者不再感到恐惧和不安。

　　这个建造项目包括新建一个主楼大厅和性传播疾病治疗诊所，诊所由一个伤检分类区、配有咨询机构的候诊室兼教育室和配有检查室及实验室的诊疗区域所组成。对该建筑进行楼层规划是一个不小的挑战：因为楼中央大厅的存在，背部仅留有一个狭窄的衔接空间，因此设计师将整体规划进行分解，将这个衔接空间改造成了一个明亮的中央候诊室兼教育室，让它来连接诊所的咨询和诊疗区域。

位于建筑中心位置的主大厅，顶板模拟天窗的设计，为来到医疗中心的人们营造了一个舒适友好的入口环境

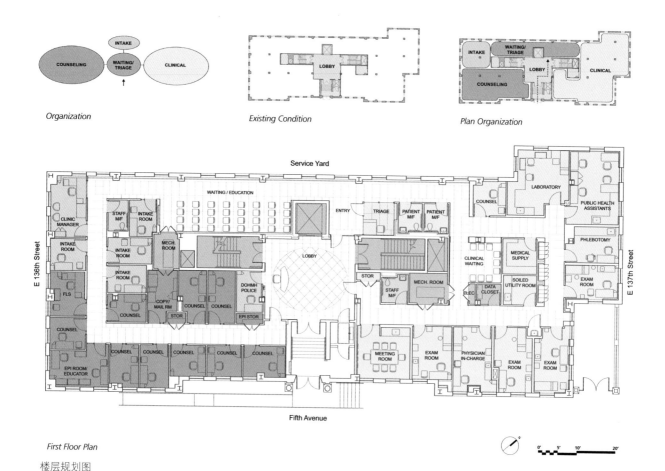

Organization

Existing Condition

Plan Organization

First Floor Plan

楼层规划图

High-Tech

Warm

环扣状 "L" 形空间概念

衔接空间内照明用的长条形背墙遮挡住了看向服务台的视线，同时成为整个诊所的流通导向，这种设计在保护患者的隐私和匿名性方面发挥了十分重要的作用。这种墙体由倾斜的半透明树脂屏幕组成，其下还装饰着彩色珠网，这些彩色珠网是由医院里患有 HIV/AIDS 的非洲女患者手工制作的。

建筑大楼的设计有一个环扣状 "L" 形的空间概念，这种连贯结构在公共流通区域内十分显眼，进一步方便了室内的流通导向。外 "L" 形墙面使用的是环氧树脂胶合板，顶部采用的是曲面铝制顶棚。另一半 "L" 形墙面运用的是陶瓷砖和竹子材料，营造出一种温暖的感觉。整个流通系统使用的都是间接照明，为患者创造出一个舒缓的空间。主大厅发光的顶板模拟天窗的设计，为这块无法获得自然光线的区域提供了照明，使人进入之后能够即刻振奋起来。

这个项目正在申请 LEED 银级认证。该项目中所使用到的具有可持续性的材料包括：内部含有可再生金属的陶瓷砖、竹制胶合板、树

候诊室兼教育室

脂板、油毡地板和含有大量再生材料的顶棚瓷砖。建筑内所使用的大部分涂料和胶粘剂所含有的有机挥发物的含量都非常之低。另外建筑内的低流量卫生管道系统、高效的照明和空调通风系统都帮助降低了建筑能耗。

医院的设计向病患们传递出了一种讯息，那就是他们在这里能获得尊重以及最高水准的医疗保健服务。项目完工后，来到该医疗中心进行检查、就诊或问诊的病患人数都有了明显的增加，大大提高了周边地区的医疗健康水平。

走廊一览

该医院于 2011 年获得了美国注册建筑师协会纽约分会（the Society of American Registered Architects New York Chapter）颁发的优秀设计奖，2010 年获得了波士顿建筑师协会（Boston Society of Architects）颁发的卫生医疗设施优秀设计奖，同年还获得了由商业建筑设计杂志《Contract》颁发的医疗卫生环境奖。

≫ 切尔西区医疗中心（CHELSEA DISTRICT HEALTH CENTER）

> 地址：曼哈顿，第九大道 2303 号
> 设计机构：史蒂芬·亚布隆建筑师事务所（STEPHEN YABLON ARCHITECT）
> 管理机构：纽约市健康与心理卫生局，2016 年

    为了能够继续为公众提供良好的医疗服务，这座位于城市公园当中，建于 1934 年，具有装饰艺术风格的标志性建筑将会被改造成一个明亮的现代"高科技公园凉亭"，以响应纽约市为实现其雄心勃勃的目标而发出的强烈号召——通过加强教育，强化检查意识和治疗手段等方式降低 HIV 的发生率。一旦项目改造完成之后，这座占地面积达 23600 平方英尺的医疗中心将成为全美最大的性传播疾病治疗中心。

    为了鼓励更多居住在患病率较高社区的住户去寻求医疗检查和相应的治疗，纽约市卫生局要求这个项目一方面要保证建造一个友好且令人安心的环境，同时还要保证能够满足日益增加的病患对就诊治疗手续办理的需求。

    该建筑采用了极耐用的高科技材料，展现出了纽约市政府为了给市民提供高品质的医疗关怀而做出的努力。弧形的木制顶棚和自然抛光的地板使人感到平静，并在视觉上使得医院与公园之间构成了一种连接。在所有的候诊室内都能望见公园的景观，进一步缓解了患者紧张不安的情绪。能否很好地保障患者的隐私和匿名性是决定社区居民是否愿意选择这家医院的一个十分重要的因素，而医疗中心所采用的患者自主分流模式将会很好地满足这一需求。建筑内面向公园一侧的墙壁都被刷成了"绿墙（Green Walls）"，以此来作为建筑室内空间导向系统的一部分，有些墙面镶嵌了带图案的马赛克瓷砖，图案是受到公园里的美国梧桐树的启发而设计的。该建筑经过改造

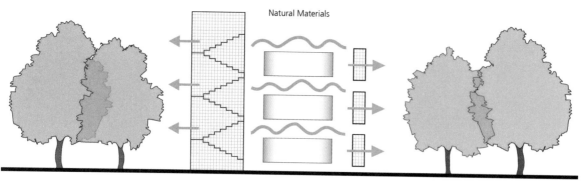

Natural Materials

New Park Stairwell   High-tech Pavilions   Green Walls

高科技公园凉亭设计概念图

朝向新楼梯间的公共大厅

候诊区

明亮的新楼梯井可以看到公园的场景，并且拥有充足的阳光。楼梯井里的"绿墙（Green Walls）"，以及流通区和候诊室都采用了公园周边美国梧桐树的图案来进行装饰

办公室

走廊采用了树脂墙面和木制的顶棚

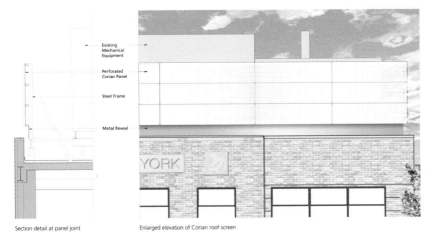

Existing Mechanical Equipment

Perforated Corian Panel

Steel Frame

Metal Reveal

Section detail at panel joint

Enlarged elevation of Corian roof screen

可丽耐材质的屋顶保护罩遮住了屋顶上原有的和新的机械结构。它的多孔模式呼应了建筑内部的弧形顶棚

该建筑原来的状况

翻新后的大楼东立面图

后，一个位于建筑后部的新的楼梯井将代替之前旧的消防梯。同整栋大楼一样高的玻璃幕墙为建筑内部带来了充足的自然光照，同时还方便观赏公园的美景，这一功能特点也增加了楼梯的使用率。

建筑外部的修复和翻新工程包括创造性地在屋顶上包裹一层可丽耐材质的多孔屋顶保护罩，增加一个新的便捷入口和全新的基础设施。该项目已计划申请 LEED 金级认证。2012 年，这个项目进入了世界建筑新闻奖（World Architecture News Healthcare Awards）医疗服务类奖项评选的决赛名单。

▲▼多功能活动室　　　　　教室

林山社区中心（FOREST HILLS COMMUNITY CENTER）

› 地址：皇后区，第 62 号大道 108-25 号
› 设计机构：WXY 建筑与城市设计事务所［WXY（WEISZ + YOES）ARCHITECTURE］
› 管理机构：皇后区社区活动中心及纽约市房屋局，2009 年

　　WXY 建筑与城市设计事务所负责为位于林山皇后区社区活动中心内的四个面积为 200 平方英尺的教室和一个面积为 3200 平方英尺的多功能活动室进行一次小规模的室内改造。社区中心原本由纽约市房屋局建造，在过去的三十年内一直服务于社区居民，在被过度使用之后，现在急需重新刷漆和安装照明设施。这个改造项目的目的在于使用间接或直接光源，以及老少皆宜的明亮色彩，为来到中心的人们提供明亮而开放的公共空间。多功能活动室新铺设了运动地板，安装了篮球篮板，消音装置和金属卤素灯，适用于开展乒乓球，瑜伽和篮球等运动项目，也可用来放映影片，并能够在周末的时候为 300 名老年人提供午餐。

多功能活动室的平面规划图

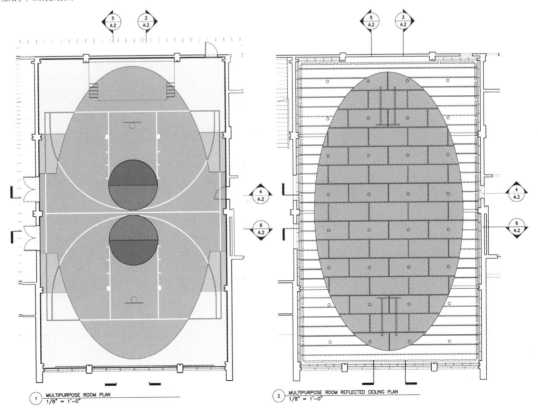

≫ HELP 1 家庭住宅区（HELP 1 FAMILY RESIDENCE）

> 地址：布鲁克林区，布莱克大街 515 号
> 设计机构：斯莱德建筑事务所（SLADE ARCHITECTURE）
> 管理机构：纽约市游民服务局，2015 年

　　这两栋高大的住宅建筑一共包括 196 个单元和一个社区中心，占据了一整个街区。这项修复工作将会更换全部的现有墙面。原先的墙面遭水损坏严重，并且已经无法有效地保护建筑内部结构，也没有办法将内部与外部隔离开来。

　　考虑到其巨大的占地面积和这些建筑所呈现的视觉效果，针对该建筑的修复项目有望为这个社区带来一些积极正面的影响。不同颜色和厚度的立面增强了视觉上的趣味性，打破了人与人之间的隔绝感，也突出了已有

建筑正面图

庭院一览

建筑的体量，同时还为现有的建筑带来了形式上的连贯性。

这项修复工程通过安装开闭式隔热玻璃窗，充分利用空气对流的方式创造了一个更加节能环保的环境，水泥结构稳定的隔热效果，以及每天的气温波动都使得在平均温度较高的那几个月份里，室内依旧能拥有一个相对凉爽的环境。在冬天时，水泥外墙能够降低供暖的需求。

该建筑原有的几项安全设施也会进行升级改造，包括一个符合纽约州标准的可寻址火警系统。在建筑结构上的修复包括重修外部楼梯和栏杆结构。建筑原有的用于室外活动的外部走道和楼梯的设计符合《纽约市积极设计指南》（《New York City's Active Design Guidelines》）中所规定的标准。

第 116 大街街景

喀拉哈里住宅区（THE KALAHARI）

> 地址：曼哈顿，第 116 大街西 40 号
> 设计机构：弗雷德里克·施瓦茨建筑师事务所（FREDERIC SCHWARTZ ARCHITECTS）
> 管理机构：纽约市房屋保护与开发局，2008 年

庭院景观

  这座拥有 250 个单元，混合使用的新公寓反映出哈雷姆黑人区丰富多样的黑人文化。市场的可持续发展，为不同背景和不同收入水平的个人和家庭创造了令人满意、设施完备且充满绿色科技的住房。这个占地面积 475000 平方英尺的项目一共包含两栋独立的 12 层建筑，两栋建筑以一个占地面积 40000 平方英尺的地面大厅相连，大厅在功能上是作为这里的社区活动空间和商业空间而存在的。

  位于美国最大的黑人社区的中心，这个建筑十分自豪地宣扬着自己的文化。建筑临街立面和庭院的砖块图案以及颜色，其灵感都来自于撒哈拉沙漠以南非洲大陆上的喀拉哈里部落房屋上的图案。建筑墙面长约 300 英

天窗细节

尺，墙面高度高低错落，交替延伸，这种起伏的形态是对城市区划规则的响应。

共用的绿色屋顶、可再生材料、高性能的建筑围护结构，再加上空气过滤器、热回收装置和太阳能电池板，所有这些一起降低了建筑的能耗，使之低于能源规范要求的 30%。大型的公共户外绿色屋顶花园、儿童娱乐室、会议室、音乐练习室和免费健身中心都十分受人欢迎。在这个项目中，设计师使用了屋顶太阳能电池板、风力和水力等发电方式（通过了能源减税政策），建筑的结构体系采用的是再生钢铁和再生水泥，而建筑内部则配备了高性能的照明灯具，竹制地板和利用再生材料制作的家具及陈设品，还有一个新鲜空气过滤系统净化着室内的空气。该建筑达到了美国绿色建筑协会的 LEED 银级认证标准，比其他同类建筑节约了 30% 的能源。

大厅

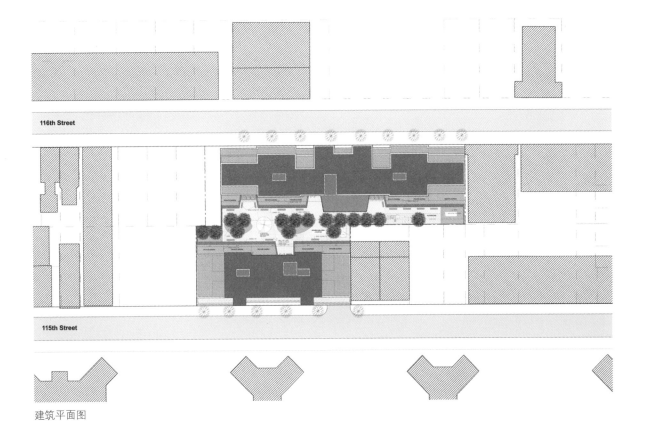

建筑平面图

标准的单元客厅

》蒙台梭利渐进式学习中心（MONTESSORI PROGRESSIVE LEARNING CENTER）

> 地址：皇后区，林登大街 195-03 号

> 设计机构：斯莱德建筑事务所（SLADE ARCHITECTURE）

> 管理机构：纽约市儿童服务管理局，2007 年

皇后区蒙台梭利渐进式学习中心的内部修复工程包括新建一间图书馆、重新改装教师休息室、翻新所有的卫生间、对教室做细微的改善、修复两间厨房，以及重新规划出一片接待区域。这个项目符合纽约市可持续发展建筑指南的要求。

整个修复工程与日常的教学进程几乎是同时进行的——因为蒙台梭利学校最长的关闭时间不会超过一个四天的休息时间，所以并没有额外的休

接待处

座位区

图书馆一

图书馆二

息时间可用来专门给建筑进行修复和翻新。为了配合幼儿园的高敏感环境，设计师选择了可再生的低毒性材料和装修方式。斯莱德建筑事务所与学校和项目承包商共同合作，互相配合双方的时间，以尽量减少对幼儿园正常运作的影响。

该项目需要将一个小的地下储藏室改造成一个小型图书馆的书库。通过巧妙地利用之前被忽略、未被完全利用的储藏室周围的流通区域，事务所出乎意料地创造出了这么一块便利空间，而且没有超出之前的预算。设计师划出的区域既包括图书馆书柜又含有一块阅读区域，可被用来举行大型的学校集会或是报告会。学校规划出了这片区域在一天之内不同的活动项目安排，它成为老师、学生和家长们的活动中心。因为这个新规划出来的图书馆区域高度低于水平地面，我们通过加入反光的顶棚、明亮的壁画、镜子以及照明系统等元素，来为室内增添丝开放和明亮的感觉。通过聚集并组织现有的流通区域，在原先固有的范围内，我们完成了一个不可能的任务，创造出了这么一块便利空间。

从西南角方向看向家庭中心及其公共入口

帕斯（预防援助和临时住房）家庭中心 [PATH (PREVENTION ASSISTANCE AND TEMPORARY HOUSING) FAMILY CENTER]

> 地址：布朗克斯区，第 151 号大街东 151 号
> 设计机构：恩尼德建筑师事务所（ENNEAD ARCHITECTS）
> 公共艺术百分比设计：莱恩·特威切尔（Lane Twitchell）
> 管理机构：纽约市游民服务局，2011 年

　　这栋对用户友好且明亮的新建筑为城市该如何逐步用创新性的方法解决游民问题提供了一个很好的实际范例，那就是：积极预防、提供服务、持之以恒和实施问责制。建造这栋占地面积达 76800 平方英尺的新建筑是为了方便委托人能够获得一个有秩序且有尊严的游民服务评估与援助过程。整栋建筑内，大面积朝南、充满阳光的空间被规划成了开放的行政工作区域、委托人等候区以及面试间。

　　这座建筑位于布朗克斯区的一个建筑风格各异的区域。建筑南北立面的特色分别反映出它们所面对的截然不同的环境特点和建筑规模，这两个立面连接着社区和周边地区。

处于整个社区环境中的家庭中心

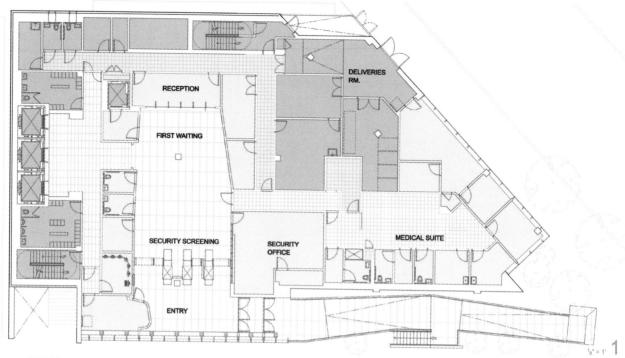

一楼规划图

场地规划图

接待处

位于顶层的行政办公室

　　这栋建筑之所以会选择使用赤褐色的砖来构成表面肌理，是参考了社区其他住宅建筑的整体风格，锌的使用和金属边框营造了一种工业美感，并且和附近工业区的建筑形成呼应，透明的玻璃方便人们看到建筑的内部情形。

　　所有的高性能建筑系统都被整合在这栋大楼当中，建筑的可持续设计特征包括：绿色屋顶技术、雨水回收系统、雨幕立面系统、建造及拆卸垃圾管理和含有可再生材质的建材使用。该建筑已获得 LEED 金级认证。

≫ 河滨医疗中心（RIVERSIDE HEALTH CENTER）

> 地址：曼哈顿，第 100 号大街西 160 号

> 设计机构：1100 建筑事务所（1100 ARCHITECT）

> 公共艺术百分比设计：理查德·阿奇瓦格（Richard Artschwager）

> 管理机构：纽约市健康与心理卫生局，2013 年

由艺术家理查德·阿奇瓦格（Richard Artschwager）设计的釉面陶土瓷砖使得建筑立面和整个楼梯间都变得生机勃勃

作为一座由纽约市健康与心理卫生局所管理的公共设施机构，这次河滨医疗中心的修复和扩建工程将会进一步达到中心一直致力于实现的"努力提高上西区居民健康"的目标。建筑所使用的材料有着不同层次的明亮色彩，同时引入了大量的自然阳光，为中心的门诊服务、管理和教育活动提供了充满朝气活力的空间。

该设计团队与多个市政部门合作，共同探索以建筑来促进民众进行身体锻炼的解决办法，而其研究成果也纳入了《纽约市积极设计指南》(《New York City's Active Design Guidelines》）当中，并促成了一项新的 LEED 创新奖项的设立，同时这个项目还为一个关于"人类所处的物理环境能够如何推动身心健康发展"的调查研究带来了许多灵感。在 1969 年该建筑最初的设计规划中，主要的公共楼梯是隐藏起来的，错误地利用了这一个

建筑功能被重新规划了，以便创造出一条清晰明确的供访客和员工活动通行的路线。建筑的第一层主要是门诊区域，第二层作为行政办公室，扩建的第三层则被用来当作卫生学校，设置有教室和计算机测试实验室

主楼梯剖面图

新礼堂的效果图

静态的元素。重新设计后的建筑结构鼓励访客们走楼梯而非乘电梯。除了强调楼梯的作用之外，建筑内关乎运动健康的项目元素还包括有一间训练室、淋浴设备和脚踏车停放架。

艺术家理查德·阿奇瓦格（Richard Artschwager）设计的墙画由橙色的釉面陶土瓷砖组成，覆盖了主楼梯间和部分外立面。这个作品是纽约市文化局主持的"公共艺术百分比"项目的一部分，"公共艺术百分比"项目的实施让艺术在整个城市当中随处可见，降低了欣赏艺术的门槛，让人人都可以享有艺术。在节能方面，这个建筑将会降低至少 20% 的能耗，该项目有望获得 LEED 银级认证。

主大厅的效果图

建筑西南角新入口处翻新后的场景

建筑西南角原貌图

贝蒂·沙巴兹医生医疗中心（DR. BETTY SHABAZZ HEALTH CENTER）

> 地址：布鲁克林区，布莱克大街 999 号
> 设计机构：n 建筑师事务所（nARCHITECTS）
> 管理机构：纽约市健康与心理卫生局，2008 年

这座占地面积达 5600 平方英尺的社区医疗中心为纽约东部社区提供了一个医疗救治点。这次的翻修和扩建项目包括增加一个夹层，修复建筑立面，升级机械系统以及重构空间以增加检查室和患者等候区。n 建筑师事务所设计的内容包括一个新的入口和一块位于街角的接待区，就位于原有大厅的对角处，以提高这块区域的功能性和利用率，同时保证在装修时也不至于影响到医疗中心的正常运转。社会人文相关内容的壁画，新入口处的上釉玻璃以及崭新的金属遮挡篷，所有这一切都将会让该医疗中心的形象焕然一新。

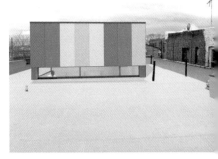

计划中的夹层设计方案

原来的入口，现在被改造成了员工室

新接待区和候诊区的场景

建筑外部一

建筑外部二

» 斯塔滕岛动物护理中心（STATEN ISLAND ANIMAL CARE CENTER）

> 地址：斯塔滕岛，老兵西路 3139 号
> 设计机构：加里森建筑师事务所（GARRISON ARCHITECTS）
> 管理机构：纽约市健康与心理卫生局，2015 年

建筑外立面图

　　为了鼓励人们收养动物以及减少由于动物数量增加给人类社会所带来的压力，这项设计对传统的动物收容所进行了彻底的改头换面。动物们被放置在了建筑内的最外圈，在"玻璃窗之后"，而办公室和具有其他功能的房间被设置在了建筑更靠里面的地方。因为建筑的外立面是半透明的，所以无论是动物还是里面的室内空间都能够享受到充足的外部阳光。夜晚的时候，建筑外围玻璃所反射的光让整个建筑在周边地区内变得十分显眼。

　　这座占地面积达 5500 平方英尺的建筑外覆盖了一层高度绝缘的榫槽多壁聚碳酸酯镶板，这些镶板由金色的阳极氧化铝框架所支撑。建筑内部的最外圈都是动物居住的地方，建筑屋顶比内部其他房间的高度都要高。两级高度差在双层屋顶间创造了一个内部通风窗，无论何时都能让阳光照到室内各个角落。收容所内的狗可以绕着有树荫遮蔽的外部空间自由奔跑。

　　该建筑将申请 LEED 银级认证。建筑内部设置了一个靠温度调节的被动通风系统、一个热回收通风系统、由光电池控制的高效照明系统、回收站、水回收系统和太阳能热水系统，并使用了再生钢铁零部件、高粉煤灰混凝土、再生聚碳酸酯等材料。

1. 隐藏的机械设备

2. 半透明的外围

3. 涂漆螺旋导管

4. 建筑结构框架

5. 养猫处所

6. 建筑核心功能区

7. 沿着楼体外围的动物圈养地

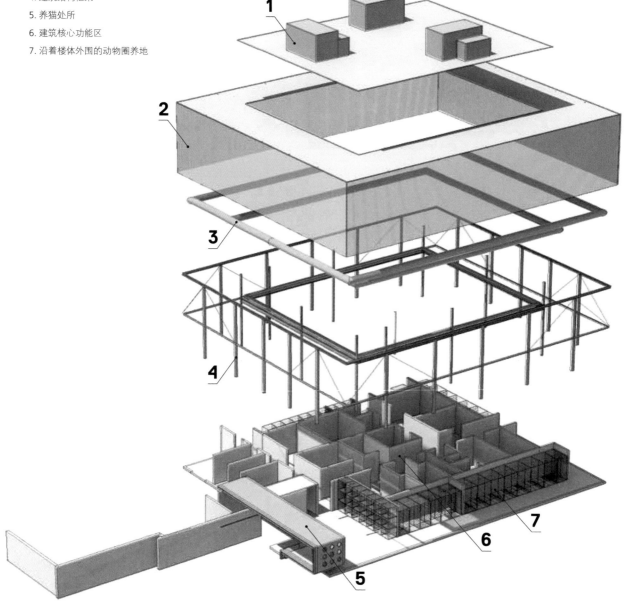

建筑模块分解轴测图

▲ 大厅
▼ 楼体外部区域

纽约市青少年与社区发展局新总部大楼的大厅效果图

纽约市老人局新总部大楼的大厅效果图

≫ 纽约市青少年与社区发展局总部／纽约市老人局总部

> 地址：曼哈顿，拉菲逸街 2 号

> 设计机构：BKSK 建筑师事务所（BKSK ARCHITECTS）

> 管理机构：纽约市行政服务局，2014 年

　　这座历史悠久、七层高的法院广场大楼占地面积约为 110500 平方英尺，这次针对该建筑所进行的修复项目有望获得 LEED 金级认证。这座大楼内有两个专门服务于青少年和老年人的市政部门。早些时候，项目领导和代表们进行过一次圆桌会议，指出了这座建筑的主要目标在于创造一个健康、高效、可持续的办公环境，并对如何在新的工作场所延续这一目标提出了建议。

　　法院广场大楼原有的框架和基础设施都为创造出一个对用户友好、充满自然阳光的公共空间打下了扎实的基础。而新的公共空间将会拥有更广阔的城市视野，更加强化市政机构与社区之间的联系，同时强调市政部门工作的重要性。

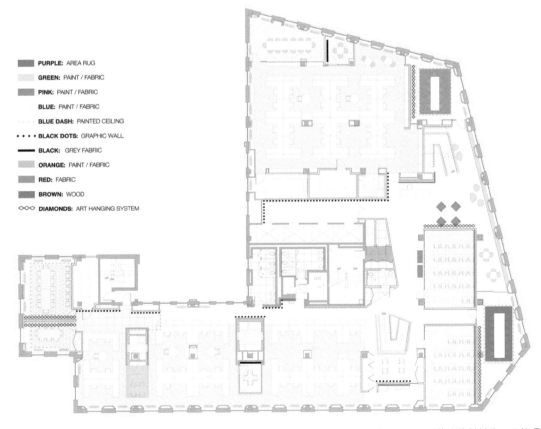

从青少年与社区发展局的平面设计图可以看出，在不规则布局的总部大楼内，设计师通过运用不同的建筑材料将不同的项目空间拼接在一起

公共
安全

**》警察局 /
刑事司法机构**

**》消防站 /
紧急医疗服务站**

过去的几十年里，纽约市逐步成为一个越来越安全的城市。现代公共安全机构和第一响应机构都需要配备最新的设施和设备，但同样重要的是，这类公共服务机构应该完全对公众可见，让公众在有需要的时候能够很方便地找到，应该是完全"面向公众的"，并且一直服务于社区居民。

最近在纽约市警察局、消防局、法院系统和纽约市惩教局的帮助下，纽约市设计与建造局负责执行的建筑项目帮助纽约市的第一响应机构在配备最前沿的技术产品的同时，又能够继承过去几个时代里所呈现出来的各种建筑类型。

这些项目包括部分修复工程和一些新建设施，以及新建一个大型的警察学院，一个新的急救呼叫中心和一个全城一体化应急指挥中心。修复项目保证了作为纽约市历史构造重要部分的原警察局和消防站将会在未来继续发挥作用，而新建的建筑设施则会为城市提供适用于 21 世纪的资源和空间。

警察局／
刑事
司法机构

四个新法庭的其中之一

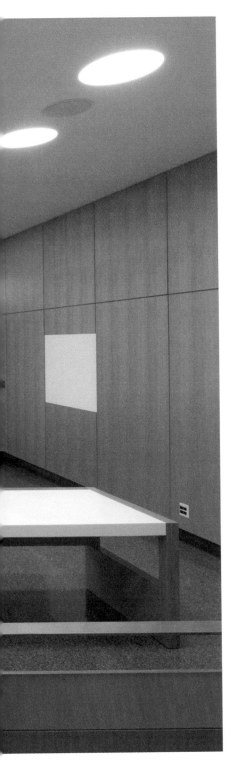

法官席的后侧

》金斯县最高法院（KINGS COUNTY SUPREME COURTHOUSE）

> 地址：布鲁克林区，亚当斯大街 360 号
> 设计机构：克里斯托弗·菲尼欧建筑事务所（CHRISTOFF·FINIO ARCHITECTURE）
> 管理机构：刑事司法协调员办公室，2012 年

　　对金斯县最高法院的改造方式是将刑事法庭搬到一栋新的建筑中去，使民事法庭的空间可以被改造得更大。重新设计的布局集合了之前分散在建筑各处的所有办事处，并将其设置在了主入口楼层。办事处采用透明玻璃墙面，立刻就在城市与市民之间建立起了一种更加友好和便民的关系。为了进一步减少进行法庭流程的压力，每一个新法庭都有一个独立的玻璃会议室，方便律师和委托人进行协商讨论。之前这些较为敏感的会议都是在公共走廊上进行的，现在可以在一个隔绝声音却不隔离视线的地方进行。所有的空间，包括法庭、法官办公室、陪审团评议室和律师更衣室等，都能够获得充足的阳光。

庭审前的律师会议座席

开放式的公共主走廊让人感觉十分开阔和便捷

旁听者座席

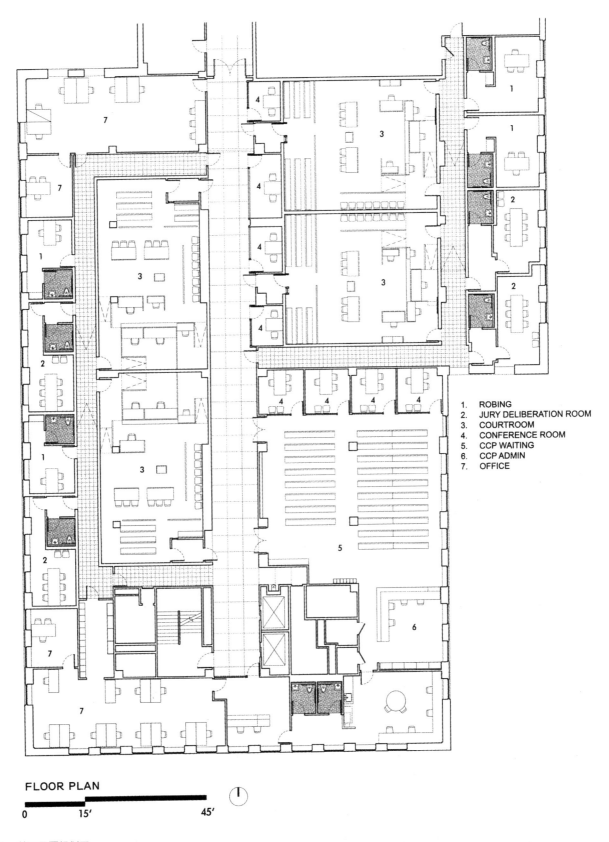

1. ROBING
2. JURY DELIBERATION ROOM
3. COURTROOM
4. CONFERENCE ROOM
5. CCP WAITING
6. CCP ADMIN
7. OFFICE

FLOOR PLAN

0   15'   45'

楼层平面规划图

警察学院东边球场的黄昏景象

》纽约市警察学院 （NEW YORK CITY POLICE ACADEMY）

> 地址：皇后区，大学角大道及第 31 大街
> 设计机构：帕金斯＋威尔建筑师事务所（PERKINS+WILL），迈克尔·费尔德曼建筑咨询顾问（Michael Fieldman Consulting Architect）
> 公共艺术百分比设计：欧文·瑞德（Erwin Redl）
> 管理结构：纽约市警察局，2013 年（第一阶段）

       纽约市目前正在进行的公共建筑项目中规模最大的要数位于皇后区北部的新警察学院了，它同时也是纽约市设计与建造局（DDC）迄今为止所主持建造的最大的项目。学院就位于法拉盛北部，与拉瓜迪亚机场（LaQuardia Airport）隔着海湾相望，其前身为一块 35 英亩大小的警方汽车扣押所。这个项目最初的目标是为全世界的执法机关建造一个模范训练机构，为全国最大的警察机构和执法机关提供人员培训。等到这座占地面积达 2440000 平方英尺的建筑群完工时，它将能为上千名学员，另外还包括普通市民、现役警官和客座警官等提供服务，为他们提供一个国际一流水平的学习和训练环境。

四座架设在现有水道上的天桥连接着教学楼和体能训练楼

餐厅内部效果图

建筑中庭

礼堂效果图

　　第一阶段的工程面积约为 720000 平方英尺，其中包括一栋占地 370000 平方英尺的教学楼，内部设有无线教室、办公室、礼堂以及模拟训练环境室，专门模拟各种实战中可能出现的情况。另一建筑群将会包括一栋面积为 210000 平方英尺的体能训练楼，包括室内体操场、战术训练教室、训练用游泳池和食堂。室外还设有一个能容纳下整个学员班成员的集合操场、跑道、停车场以及其他相关公共设施。接下来的项目阶段将建设一个世界最大的室内靶场、一个内设有地下铁道车辆 / 地铁车厢和模拟街景的 "战术村"（面积为 450000 平方英尺），占地 8 英亩的急救车训练场地、营救训练设施，一条室外车道，一间博物馆，供客座讲师和来宾临时居住的公寓楼和额外的停车区域。

　　分布最密集的建筑群呈 "C" 字形排列，中间是一块公共庭院区域，以方便人员在大楼之间通行，同时减少在校园内多个地点之间来回的穿行时间和距离。这样的布局设计一共达到了两个目的：第一方便了教学高峰期学校 6000 名学员的通行，第二最大化了紧急演练和训练时空间的灵活性。在整个项目的设

河道上连接教学楼和体能训练楼的天桥通道细节

计中，设计师将重点放在了校内有效流通空间的设计上，以提供一个高效、安全及有效的导引，同时还要使可控和监管程度达到委托人的预期。

除了作为一个最先进的训练场所之外，警察学院的设计还将会在环境建造和关注人体健康方面极具创新性。建筑群拥有许多的可持续特征，有些建筑同时还兼作被动式的休闲空间：绿植屋顶、雨水回收再利用系统、暴雨径流生物过滤系统、节能照明系统、具有遮阳和吸收日光功能的高性能建筑围护和节能公用电站。整座校园之前是一片河流流域内的湿地，被当作了垃圾堆积场，因此在设计时运用了战略性的景观美化方法，来保证建筑群能够完美地融入当地环境并改善环境。在利用当地植物和新开垦的绿地将新旧环境融合在一起的同时，又起到了降温、净化空气和改善水质的作用。该项目所使用的设计方法融合了《纽约市积极设计指南》中所列的诸条建筑设计策略，目前正在申请 LEED 银级认证。

≫ 公共安全应答中心 II（PUBLIC SAFETY ANSWERING CENTER II）

> 设计机构：SOM 建筑室内及城市规划设计公司（SKIDMORE，OWINGS and MERRILL LLP）

> 管理机构：纽约市警察局、纽约市消防局和纽约市信息技术与通信局，2015 年

这座 911 紧急情况应答中心将同时由警察局和消防局管理，是覆盖纽约市五个区的统一的应答中心。这个项目要求建造一座安全性能高、结构坚固的建筑。

在经历过之前选址的失败和地点的循环变更之后，这个 240 英尺的方块形建筑最终将建筑整体后移并做了一定角度的旋转，且利用了许多雕塑作为景观。锯齿形的金属铝和炭灰色的金属外立面不仅为这座大楼赋予了活力，同时也在视觉上保留了一丝隐秘性。依据视者的角度不同，建筑外立面从附近南北两条驾车道上看，呈现出更深的炭灰色或是更浅的银色表面，外立面上安装着窗户和机械百叶窗，以隐藏建筑内部的活动。

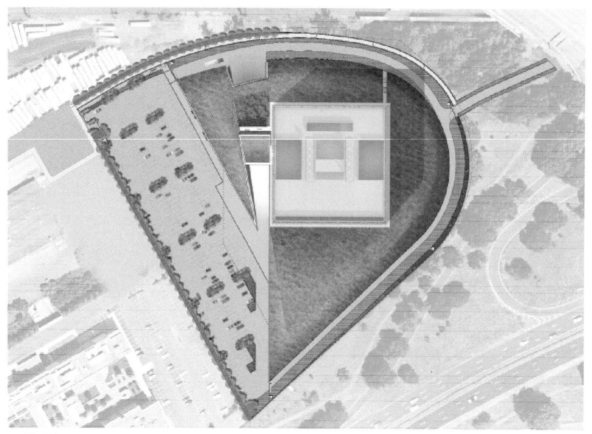

场地俯瞰效果图

白天的建筑外部景观

玻璃亭入口效果图

建筑外部的立体模型图

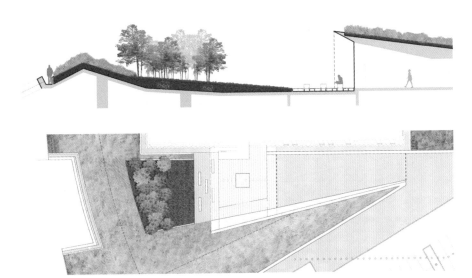

植物修复系统的活动模块一

为应答中心的工作人员所设置的室外庭院的剖面图和规划图

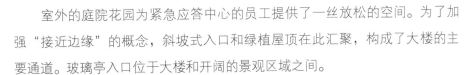

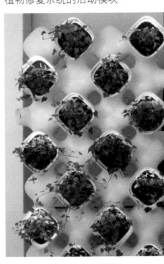

植物修复系统的活动模块二

    室外的庭院花园为紧急应答中心的员工提供了一丝放松的空间。为了加强"接近边缘"的概念，斜坡式入口和绿植屋顶在此汇聚，构成了大楼的主要通道。玻璃亭入口位于大楼和开阔的景观区域之间。

    方块形的建筑结构为建筑内部 550000 平方英尺大的工作区域提供了一个高效灵活的设计方案，以满足所有的功能需要。在建筑的中心位置是面积约 50000 平方英尺、高约 30 英尺的呼叫中心层。邻近楼层则安装了通信、信息技术、电子与机械设备，以满足各种需求。作为一个紧急情况应答中心，要求建筑能够做到自给自足，提供全天候的服务，即使是在其他公共设施出现故障、被中止的情况下依然可以不受影响正常运行。

    植物修复系统活动模块是由建筑、科学与生态中心（the Center for Architecture，Science & Ecology）研发的，这是一个由 SOM 建筑室内及城市规划设计公司和伦斯勒理工学院（Rensselaer Polytechnic Institute）共同建立的多学科合作研究中心。这项植物修复技术利用植物的根来净化空气，同时还为室内空间增添一抹自然元素，该技术被运用到了大厅的设计当中，植物与大厅的环境融为一体。作为一个可靠的全天候提供服务的公共设施，这栋大楼想要成为一个可持续且不断发展的工作场所的机会十分有限。即使是在一楼大厅或是就餐区域，窗户也都是密闭的。然而，该项目还是努力引入了许多可持续设计，尽可能地为处在高压工作环境下，日夜接听急救电话的工作人员提供一个能够接触大自然的环境。

建筑西南角的空中俯视效果

>> 赖克斯岛拘留所（RIKERS ISLAND ADMISS-IONS FACILITY）

> 地址：皇后区，哈森大街 10-01 号
> 设计机构：1100 建筑师事务所（1100 ARCHITECT）/ 里奇·格林尼联营合资公司（RICCIGREENE ASSOCIATES JOINT VENTURE）
> 管理机构：纽约市惩教局，2018 年

员工主入口景观，楼上是住房单元

　　这座位于赖克斯岛上，占地面积达 620000 平方英尺的新机构将会为纽约市惩教局收审的多数成年男性犯人提供一个收押中心点。它将提供一套更为有效的收押流程，同时通过替换掉一些过时的临时建筑结构模块来保持岛上现有的收容量，这样做也能够为将来的扩建提供可能性。

　　这座建筑将设计重点放在了安全性、可操作性、高效性和环境规范性上，为惩教机构的设计建立了一套新的标准。建筑设计的概念包括为新来者提供专业的筛选评估，为考虑到住房分配的风险和需求打造硬件基础，以及利用积极的环境设计元素来创造一个鼓励人们遵守有礼有序的行为规范的环境，同时，让室内能够获得阳光直射，并拥有良好的视线，可以看到外面的景观。室内还安装有隔音设备、全年温控装置和安全玻璃（代替了之前的铁栅栏），这些不仅能够帮助抑制暴力的发生，同时还可以让居住者感受到平静和美。

该拘留所的建筑层高为四层，共有两幢相同的长条形大楼，中间隔着一个庭院。两栋大楼呈东西走向，因为长条形大楼带有折角，因此建筑楼体的安放位置以尽可能多的使外立面朝向南边为原则。外立面的四周连接着许多开口：大一些的开口作为集合区域，小一点的开口处安装了拘留所的房间窗户，窗户都呈直线排列，以突显建筑水平体量之长。作为犯人们使用的休闲区域，庭院中有一条坡道，方便行人及手推车来往于大楼两侧的所有楼层，这条坡道将庭院一分为二。

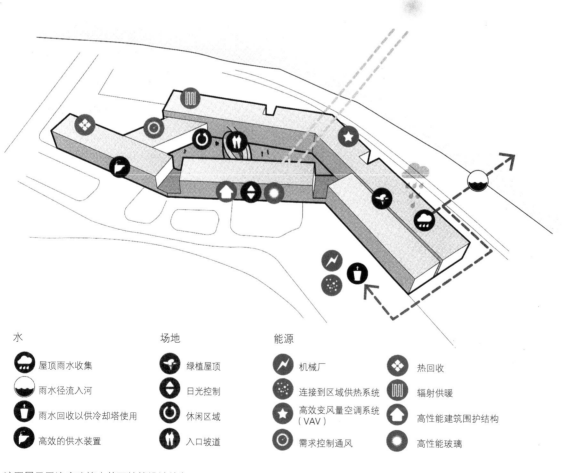

水	场地	能源	
屋顶雨水收集	绿植屋顶	机械厂	热回收
雨水径流入河	日光控制	连接到区域供热系统	辐射供暖
雨水回收以供冷却塔使用	休闲区域	高效变风量空调系统（VAV）	高性能建筑围护结构
高效的供水装置	入口坡道	需求控制通风	高性能玻璃

该图展示了这座建筑中的可持续设计特色

从纽约东河上朝南看到的建筑景观

　　除了收押犯人的功能之外，该建筑还拥有公共大厅、中央控制室、管理办公室、探视室、教育或宗教服务集合区、户外休闲区、维修区、理发店、洗衣房、小卖部等，同时还提供人员支持服务、医疗健康服务（包括门诊、护理和心理健康诊所）、餐饮服务。大约有1500人将会入住这里的单人牢房、集体宿舍和医务室床位。

　　这个项目有望获得LEED银级认证。可持续性设计方案的重点在于水、场所与能源之间的效能转化、采光和牢内环境的质量。在建筑设计中融入这些可持续、高性能的方案将会带来长期的环境效益，节省运营成本。

⟫ 11 都会技术中心安全亭（11METROTECH SECURITY）

⟩ 地址：布鲁克林区，弗拉特布什大街 157 号
⟩ 设计机构：WXY 建筑与城市设计事务所（WXY ARCHITECTURE）
⟩ 管理机构：纽约市警察局和纽约市消防局，2010 年

这个项目为位于布鲁克林闹市区都会技术中心的纽约市警察局和纽约市消防局总部提供了可靠的安全保障加强设施。该项目提供了一系列引人注目且一劳永逸的解决办法，项目设计内容包括六个安全亭、路障和行人安全区的护柱。

平行四边形的新安全亭挑战了之前固有的一种说法，那就是只要是安全设施，自然就会使用工业材质，呈现工业化形态，从而丧失美感和吸引力。而这些与众不同的安全亭有着类似于雕塑一般的设计品质，强化了它在街道上的存在感，同时也软化了安全亭所固有的刚硬形象。除此之外，它的外壳由多层玻璃板组成，创造出了一种不断变化的光影反射效果。

安全亭项目是为了配合森林城市集团纽约公司（Forest City Ratner）为邻近的都会技术中心园区所进行的建筑升级改造工程，以及弗拉特布什大街的街景改造计划而设计的。

安全亭

提拉里大街的安全亭

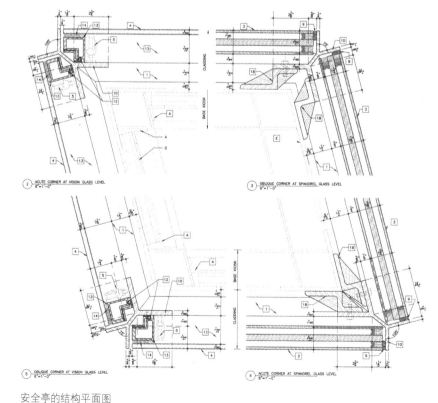

安全亭的结构平面图

都会技术中心园区内部

▶▶ 第 121 号警察分局（121ST POLICE PRECINCT）

> 地址：斯塔滕岛，里士满大街 970 号
> 设计机构：拉斐尔·维诺利建筑师事务所（RAFAEL VIÑOLY ARCHITECTS）
> 管理机构：纽约市警察局，2013 年

建筑外部效果图

纽约市警察局意识到斯塔滕岛需要扩大其执法机构以缩短出警的反应时间，同时减轻斯塔滕岛现有警察分区的工作负担。这座新建的占地面积为 52000 平方英尺的第 121 号警察分局是这个区近几十年来第一个新分局的总部。

这个项目的设计解决了在不规则地形上排列两座完全分开的建筑体的难

题——一座是独立的单层建筑，向南边延展；另一座是两层高的线形长条建筑，从设计图上可以看到，建筑楼体呈微微的弧形，同时，随着建筑往里士满大街方向延伸，楼体的高度也在不断增加，建筑二楼向着里士满大街延伸的悬空部分象征着与社区的互动，同时也规划出了主入口的范围，在视觉上连接起了主大厅和里士满大街。

模型图

两座建筑的体量、高度和外层材料都不相同——长条形建筑外部沿着建筑的水平走向，包裹了一层不锈钢的外壳，而单层建筑则采用的是灰色的砖块。两者之间的空隙被设计成了一个天窗，以便让自然光线进入到一楼大厅。从南边的警局停车场开始，长条的建筑结构遮蔽住了附近北边的居住区。室外的机械服务设施都被隐藏在建筑内，整合在一个同样覆盖了不锈钢外壳的围墙里。

作为纽约市警察局在斯塔滕岛社区的门面，第 121 号警察分局算是可持续设计的一个典范。这个项目有望获得 LEED 银级认证。

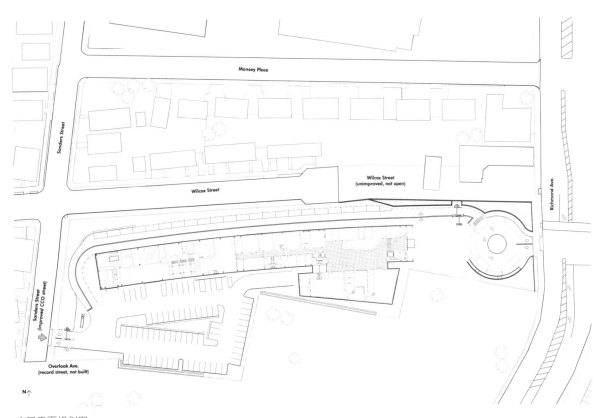

底层平面规划图

消防站/
紧急医疗
服务站

➤➤ 第 27 号紧急医疗服务站（EMS STATION 27）

> 地址：布朗克斯区，第 233 号大街东 243 号
> 设计机构：WXY 建筑与城市设计事务所（WXY ARCHITECTURE）
> 管理机构：纽约市消防局，2011 年

消防车库

　　位于布朗克斯最北部的新建筑是在原来的消防局旧址的基础上重新进行翻修的，该建筑为一条繁忙大街后面的小住宅区提供了救护站和紧急医疗服务站。

　　建筑项目包括一块带有三个消防车车位的服务区、协助区、办公室、健身房、更衣室、训练室、组合厨房和休息室。这座占地面积为 11300 平方英尺的建筑中，建筑实体只占据相对较小的一部分面积（约为 2900 平方英尺），大部分的底层空间都用作停车场，以满足紧急医疗服务站对于车辆停放的需求。

建筑南面的主立面

楼梯

俯瞰休息室

楼梯间

　　建筑内部的组织布局考虑到了可视性和即时通信的需求。两个相互连结的功能区，每一个都拥有双层楼高的空间，安装有室内可视面板，加强了开阔性和连通性。从设置有办公室和配套生活设施的夹层可以看到大楼底层的车库。三楼的更衣室连接着一个阳台，楼上休息室内设有就餐区和会议区。

　　将所有这些功能区连接起来的是中央楼梯，楼梯挨着的墙面采用不同色彩的陶瓷砖作了标记和分类。大块的窗户让光线照进室内，同时也指引着通往楼梯的方向。这座四层建筑内部楼层两两相连，从外面看来只有两层。

　　为了呼应建筑的周边环境，主立面选用的是发光表面，而侧立面则是用的无光泽表面。每一个立面上所使用到的金属锌和砖石的比例都是不同的，前后立面上的条纹玻璃的开合角度也不尽相同。

急救站的外部景观

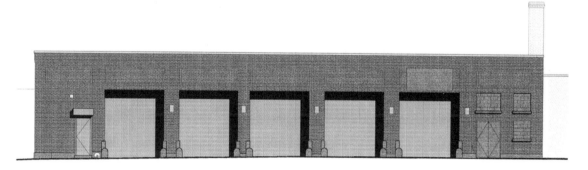

原建筑的西面正视图

>> 第 32 号紧急医疗服务站（EMS STATION 32）

> 地址：布鲁克林区，邦德大街 347 号

> 设计机构：贝伊罕·卡拉汉联合建筑师事务所（BEYHAN KARAHAN & ASSOCIATES，ARCHITECTS）

> 管理机构：纽约市消防局，2006 年

　　布鲁克林高地／红钩紧急医疗服务站（The Brooklyn Heights/Red Hook EMS）是一座占地面积为 7900 平方英尺的紧急医疗服务机构，同时还是纽约市消防局分局的办公室。该建筑最早建于 1917 年，原先是作为汽车车库来使用的。

　　这种适应性的再利用是基于典型的操作流程和纽约不同地方的空间分配方式之上的。一层简单的金属板外壳将原有外部砖砌结构老化的部分给隐藏起来了，同时为立面增加了新的现代元素。建筑入口上方有一条新的细长条形的遮挡顶棚，横向的长条形在视觉上和入口立面上那根竖直的旗杆形成了某种平衡，使得新的前门入口变得十分现代而又美观。

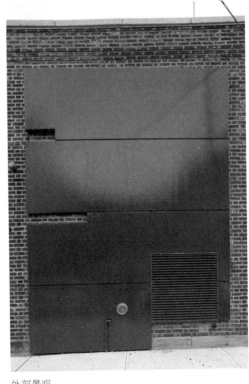

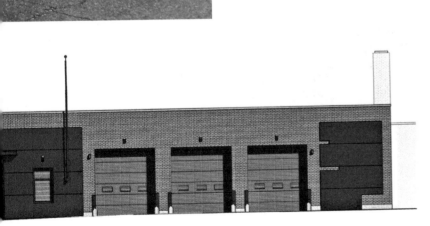

改造后的西面正视图

外部景观

建筑悬臂设计效果图

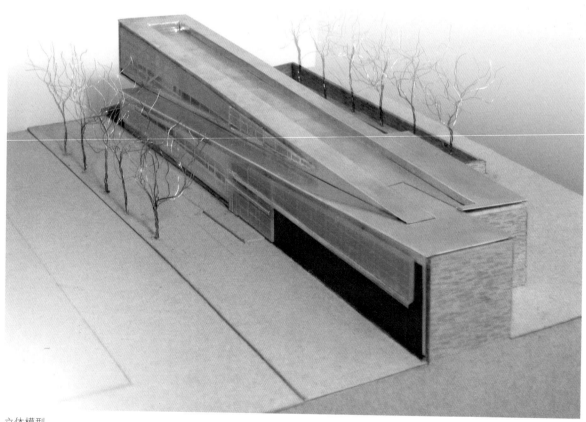

立体模型

第 50 号紧急医疗服务站（EMS STA-TION50）

> 地址：皇后区，高堡大街 159-10 号
> 设计机构：迪恩 / 沃尔夫建筑师事务所（DEAN/WOLF ARCHITECTS）
> 管理机构：纽约市消防局，2015 年

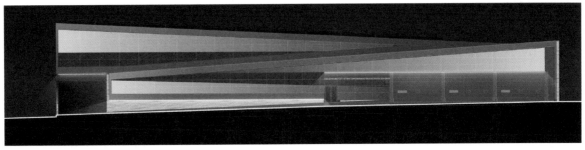

水泥墙面原型

这个位于皇后区综合医院区域内的建筑将作为紧急医疗服务机构的新址，占地面积共达 12000 平方英尺。服务站对原来的一个双向斜坡进行了改造，以便为向社区提供紧急医疗救护的工作人员提供方便，让他们有更多空间可以停车、存储物资和更换衣服。建筑上下两部分以一个反向的角度向左右两边抬升，最终在停车场入口上方的动态悬臂处达到最高点。这样的低层设计使这块坡形地的利用率得到了最大化，同时也调和了周边邻近社区建筑结构的高低落差。

至于建筑材料，墙面窗户是长的三角形玻璃，使建筑看起来呈现一个半透明的坡度，同时呼应着建筑结构的三角形设计。这一点同样反映在外部水泥墙面的斜线雕刻图案上。玻璃和橡胶共同构成的外表面构建出了一种清爽而又开放的造型。

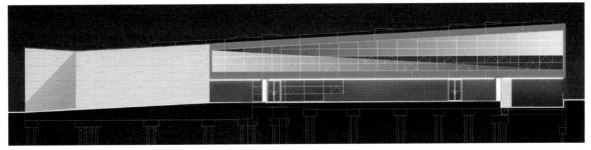

建筑北面正视图

建筑南面正视图

一个开放式办公室的效果图

大楼中庭效果图

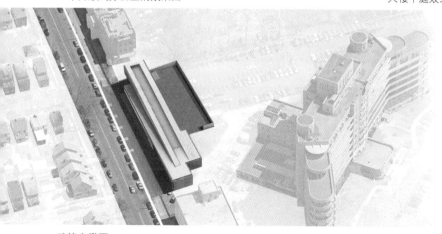

建筑鸟瞰图

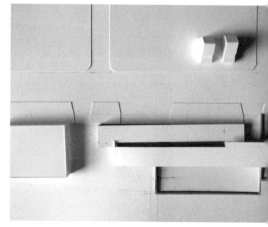

研究模型

剖面透视图展现出建筑的两个单元

≫ 第 63 号消防中队 (ENGINE COMPANY 63)

> 地址：布朗克斯区，第 233 号大街东 755 号
> 设计机构：加兰特建筑设计工作室（THE GALANTE ARCHITECTURE STUDIO）
> 管理机构：纽约市消防局，2013 年

遮阳帘（Bris Soleil）的制作过程

　　这个项目对原来那个狭小又过时的消防站进行了扩建，使之在面积上比之前扩大了整整一倍，并且符合纽约市消防局所制定的指导方针——为消防员们提供足够的空间以方便他们更安全高效地完成任务。修正后的建筑外表面采用的是灰色的陶土雨幕，内嵌水泥板。带有 FDNY 字母标志的遮光帘遮挡着该建筑朝南的窗户。

　　重新设计的第 63 号消防分队将会拥有一个全新的结构，包裹着原有的建筑。新的消防大队营房、现代通信值班室、净化区、商用厨房和其他一些元素都设置在一楼。二楼则设有新的宿舍、办公室、训练室、学习室、值班宿舍、更衣室、卫生间和健身中心。

建筑的南立面

建筑效果图

建筑的西立面

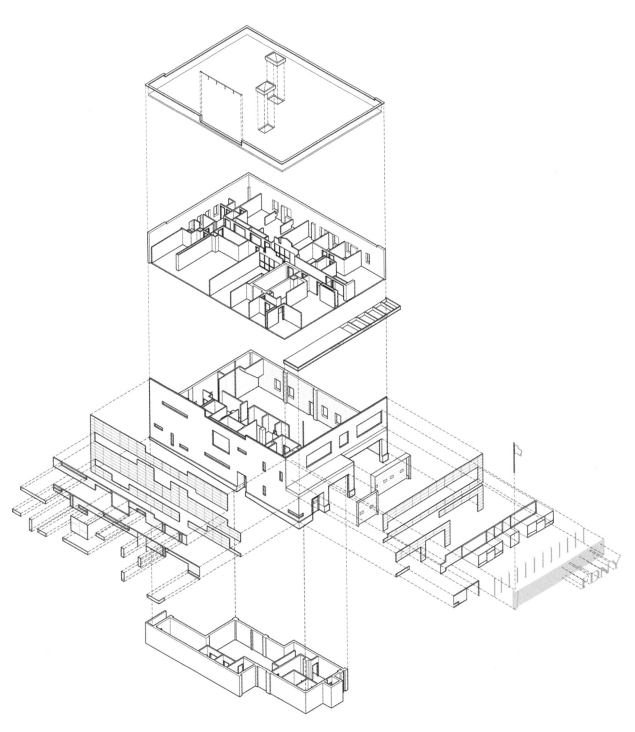

建筑分解轴测图

⟫ 第 97 号、第 310 号和第 320 号消防分队 (ENGINE COMPANIES 97，310，320)

> 地址：布朗克斯区、布鲁克林区和皇后区；阿斯特大街 1454 号，斯奈德大街 5105 号，弗朗西斯·路易斯大道 36-18 号

> 设计机构：W 建筑与景观设计事务所（W ARCHITECTURE AND LANDSCAPE ARCHITECTURE）

> 管理机构：纽约市消防局，2010 年

该项目的最初目的是想要替换掉建于 20 世纪 30 年代的建筑楼板，以承受现代消防设备日益增加的重量。建筑一楼主要包括厨房、

布鲁克林区第 310 号消防分队

皇后区第 320 号消防分队

施工改造现场

施工改造现场

卫生间和通信值班室，在这次的项目当中都运用现代科技进行了全面的升级改造，达到了当代无障碍设施的设计标准。设计方案在原先历史建筑结构的基础上，安插进了新的建筑元素或者直接进行推翻重建，与旧式的结构做了一个对比和呼应。

在施工中，坚持采用可持续的原料和建造方式来对消防站进行升级。比如，重建项目中所采用的大都是可快速再生的竹制胶合板材料，因为照明在整个修复重建过程当中占据了重要位置，所以在改造方案里，室内自然光照的比例被最大化了，同时还安装了节能照明系统。

布朗克斯区第 97 号消防分队

通信值班室的立体模型

施工改造现场

消防分队在纽约市的位置分布

》》第 217 号消防分队（ENGINE COPANY 217）

> 地址：布鲁克林区，德卡尔布大道 940 号
> 设计机构：加兰特建筑设计工作室（THE GALANTE ARCHITECTURE STUDIO）
> 管理机构：纽约市消防局，2009 年

老的第 217 号消防分队的车库因为使用时间过久而导致了地面凹陷，同时还占据了建筑内部很大一部分空间，并且建筑内部也放置了很多的危险品，给工作人员带来了安全隐患。

因此此次修复项目的任务是增加一个新的停车层，同时配备新的排水、加油、消防车维修系统，并在车库门前新增加一块水泥铺砌地面。新停车层的设计能承受住重达 90000 磅的消防车，完全符合纽约市消防局的标准，同时消防分队的地下室现在具备多种使用功能——这也是该消防站 50 年来前所未有的情况。

这次修复工程的面积约为 12000 平方英尺，具体的修复工作除了为消防员们提供一个新的商用厨房和休息室之外，还设置了一间配备了全纽约市消防局最新技术的通信值班室。另外，楼上的几层办公区域、消防队员值班宿舍和卫生间也都全部重新装修过。

室内的铜制屋顶

修复后的楼梯

室内的铜制屋顶

建筑外部一览

通信值班室一

新的厨房和休息室

➤➤ 第 235 号消防分队，第 57 号消防大队
(ENGINE COMPANY 235, BATTALION 57)

> 地址：布鲁克林区，门罗大街 206 号
> 设计机构：加兰特建筑设计工作室（THE GALANTE ARCHITECTURE STUDIO）
> 管理机构：纽约市消防局，2009 年

第 235 号消防分队这座百年的老建筑，在经历了多年的维修工程延期之后急需一次彻底的大翻新。原有建筑的屋顶和四周围墙都有着不同程度的损坏，排水系统也在老化。原先的停车层只能够停放四匹马和一辆马车，而后来许多年都被用来停放消防车，已经变得支离破碎了。建筑的背面有一部分已经完全被白蚁侵蚀，因此不得不将其移除掉。

这次修复的面积共计 12000 平方英尺，解决了以上所有问题还不止。原先的建筑细节得到了保留，同时建筑围墙也完全进行了修整。上方还新加盖了一层看起来很有历史年代感的铜制屋顶，以保证建筑能够继续服务下一个百年。所有的石块都进行了加固，涂抹上了新的灰泥，以保留前立面的历史建筑风貌。新的停车层能承受住重达 90000 磅的消防车，达到了纽约市消防局的标准。此次还新安装了消防设备网格储藏架和通信值班室。

通信值班室二

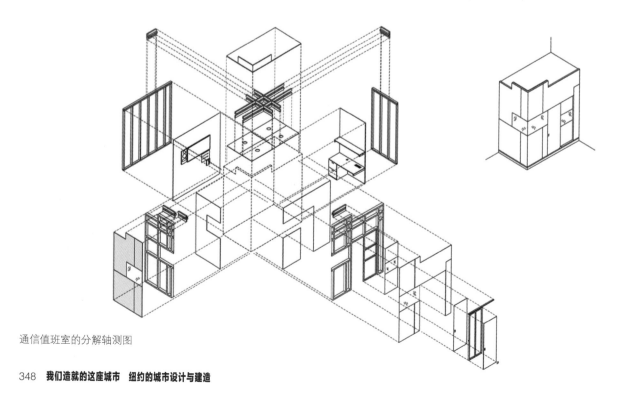

通信值班室的分解轴测图

铜制屋顶

建筑外部景观

≫ 第 239 号消防分队（ENGINE COMPANY 239）

> 地址：布鲁克林区，第四大道 395 号

> 设计机构：贝伊罕·卡拉汉联合建筑师事务所（BEYHAN KARAHAN & ASSOCIATES，ARCHITECTS）

> 管理机构：纽约市消防局，2008 年

室内场景

　　这座占地面积达 7000 平方英尺的三层建筑始建于 1895 年，由砖块和石灰岩建造而成，是一座典型的为中低级密度住宅区提供服务的消防站。它由一个消防车库、一间办公室、一间宿舍、一间厨房和一间休息室组成。这次的修复工程将室内环境改造成了能够满足 21 世纪消防需求的样子。建筑立面经过了重新修缮，保留并增进了之前的建筑细节，包括石灰岩雕刻和装饰性的砖石工艺。除此之外，还在建筑的背部进行了现代化的扩建，完美地将原有的和新增的室内空间融合在了一起。

　　原有建筑的室内采光不是很好，因此新建于楼梯间上方的天窗以及新厨房和就餐区为大部分的工作区域引入了自然光线，新修的建筑南立面上安装有遮阳窗檐和大玻璃窗，也是为了让更多的阳光照射进来，同时将夏日的炎热阻挡在外，由此降低建筑能耗，以符合现有的纽约市能源标准。

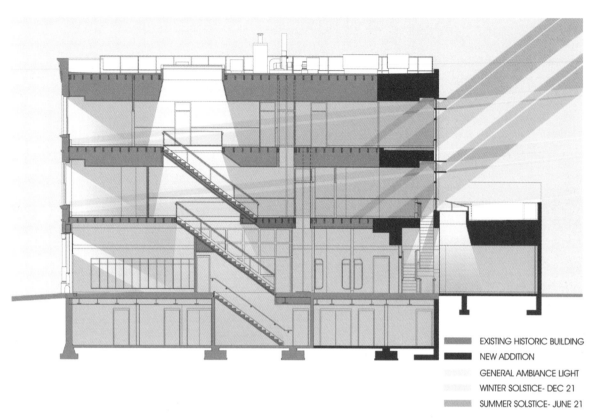

EXISTING HISTORIC BUILDING
NEW ADDITION
GENERAL AMBIANCE LIGHT
WINTER SOLSTICE- DEC 21
SUMMER SOLSTICE- JUNE 21

楼梯间上方的天窗和新的厨房及就餐区为工作空间带来了更多的阳光。新的南立面配有遮阳窗檐和大玻璃窗

南立面外部场景

▲ 消防分队的标志

▼ 建筑外立面

▲ 楼梯间细节图

▼ 建筑外立面细节图

日照充足的休息室

≫ 第 259 号消防分队，第 128 号云梯消防队
（ENGINE COMPANY 259，LADDER128)

> 地址：皇后区，绿点大道 33-49 号
> 设计机构：安德鲁·伯曼建筑师事务所（ANDREW BERMAN ARCHITECT）
> 管理机构：纽约市消防局，2009 年

　　这个项目是对于传统纽约市消防站的改造再利用，因为过去的消防站已经不能很好地满足现当代消防设施的需求了。建筑设计师拆除了原有的砖砌外壳，并往里面安装了新的结构、空间和机械装置等。

　　除了解决了一连串现代消防站固有的科技和后勤问题之外，设计师们还建立了一系列连续空间以方便满足消防员们不同工作项目的需求。包括一个拥有三个消防车位和加油区域的车库、厨房和就餐区域、一间休息室、办公室、训练室、更衣室、一间宿舍、一间洗衣房和一个健身设备。

第 259 号消防分队、第 128 号云梯消防队

就餐室内设有通向屋顶天台的楼梯

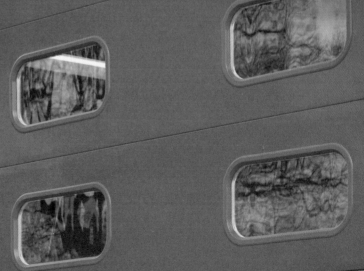

入口处的细节
33-4

配有不锈钢制通信值班室的车库

建筑外部夜景图

≫ 绿点紧急医疗服务站（GREENPOINT EMS STATION）

> 地址：布鲁克林区，大都会大道 332 号
> 设计机构：米奇埃里 + 怀茨纳建筑师事务所（MICHIELLI + WYETZNER ARCHITECTS）
> 管理机构：纽约市消防局，2013 年

这座占地面积达 12400 平方英尺的建筑为纽约市消防局的急救人员和救护车辆提供了支持与保障，该建筑临近贝德福德大道，位于大都会大道上的一个显眼位置，建筑的外形是极为强烈的现代风格。纽约市消防局为了提升全城医疗应急响应时间，通过增加服务站数量的方式来缩短救护车到达事故现场的距离，而这座紧急医疗服务站也是该计划的其中一个部分。

由于服务站的特殊服务要求，这座建筑被分成了四个部分。因为车库空间需要一个比其他部分更高的室内高度，因此服务站的一边会比其他部分要高一些。这样的结构方式有利于组织服务站各个部分的功能。建筑东边的一楼留出了四个车位和一块车辆服务区，西边较低的部分则是办公室和其他行政区域。

二楼的错层设计

南北向直线型中庭

从车库望出去的景致

楼梯细节

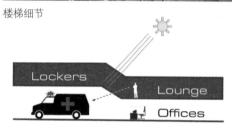

项目设计示意图

在车库区上方二楼的位置是更衣室和卫生间，用来服务于那些维持服务站三班倒制度的工作人员，共有 54 名女性员工和 97 名男性员工。穿过中庭，西边是健身设施、训练室、组合厨房和休闲区域。一楼不同的室内高度为二楼带来了不同的地面高度，同样的，屋顶的轮廓线也产生了相应的变化。设计师在屋顶上添加了一个天窗，天窗从建筑的前部一直延伸到后部，阳光能够充分地照射到二楼，并且通过地板上的一个开口到达底层。由玻璃围起来的、双层高的入口也表明了各个功能区间的明确划分，入口处同样沐浴在充足的阳光当中。

车库外的红色卷帘门为之前冰冷的玻璃立面增添了一丝鲜艳的色彩。半透明的逃生梯打破了建筑外立面整体的平面节奏，犹如雕塑般倾斜内凹，楼梯连接着建筑入口和二楼，边缘覆盖了一层与临街立面平行的穿孔铝制板。建筑外那一面 90 英尺长、两层楼高的半透明玻璃墙看起来像是漂浮于底层之上，表面还带有蜂巢图案，成为建筑极具特色的一部分。

建筑外部角落的细节

>> 第三救援队（RESCUE COMPANY 3）

> 地址：布朗克斯区，华盛顿大道 1647 号

> 设计机构：恩尼德建筑师事务所（ENNEAD ARCHITECTS）

> 管理机构：纽约市消防局，2009 年

　　这个具有高性能和耐久性的建筑是纽约市五个新的特殊任务救援队其中一个的所在地。除了救火之外，这些出色的分队还可以应对一些更加特殊的紧急情况，如大楼坍塌、地铁内紧急情况和深水潜水操作等，因此这些分队也有着特殊的基础设施和设备储藏要求。这个占地面积达 20000 平方英尺的建筑，其所有空间都环绕着大楼最主要的中央车库来分布。由于面积限制，许多空间都是一室多用：地下层和地面一层是体力作业区域和储藏室；二层是休息、学习和就餐区域；训练室和健身空间位于夹层。而整体最主要的设计是将纽约市消防局红色的车库大门放置在大楼东立面，一方面彰显着该建筑作为纽约市消防局基础设施的身份，另一方面又向周边街道展现出一个开放而又安全的形象。

建筑主立面的细节图

建筑主立面

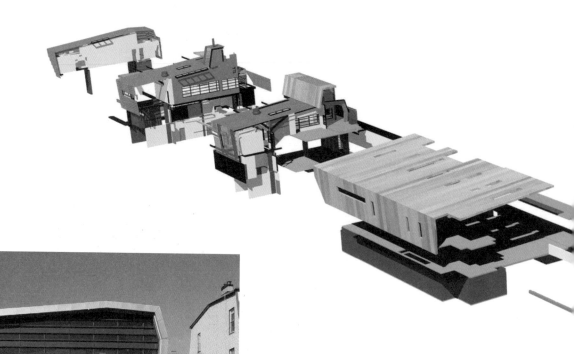

▲ 建筑主立面

▼ 消防车库

▲ 建筑后立面

▼ 二楼角落一览

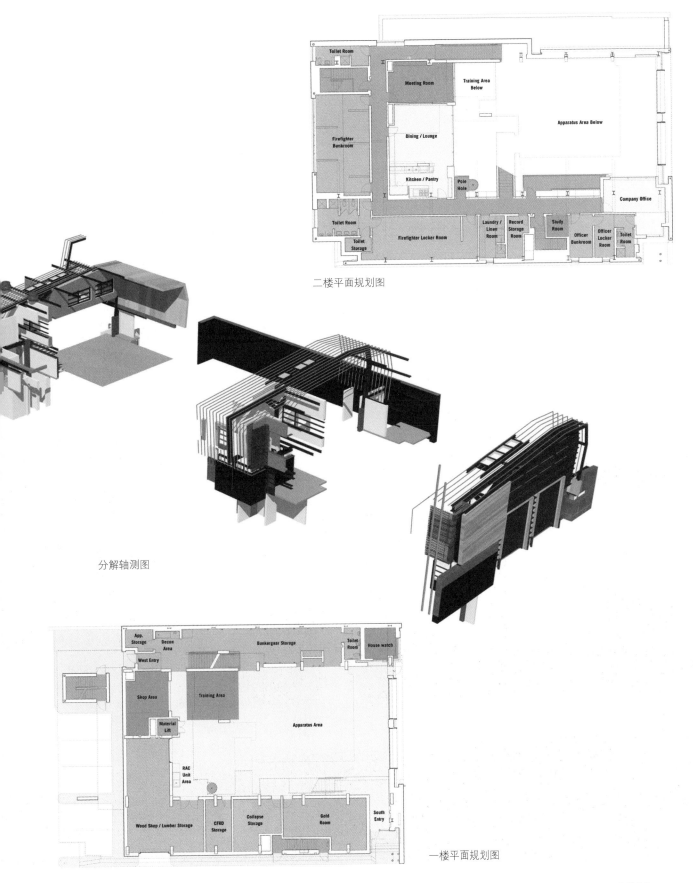

二楼平面规划图

分解轴测图

一楼平面规划图

建筑外部一览

>> 洛克威紧急医疗服务站与消防站（ROCK-AWAY EMS STATION+FIREHOUSE）

> 地址：皇后区，海滩第 49 号大街 303 号
> 设计机构：贝伊罕·卡拉汉联合建筑师事务所（BEYHAN KARAHAN & ASSOCIATES，ARCHITECTS）
> 公共艺术百分比设计：简·格林戈尔德（Jane Greengold）
> 管理机构：纽约市消防局，2006 年

艺术家简·格林戈尔德（Jane Greengold）创作的放置于建筑外部的艺术作品

　　这座新大楼将消防局的四个服务单位都融合在了同一个空间内——第 265 号消防分队、第 121 号云梯消防队、第 47 大队和第 47 号紧急医疗服务站。这个面积约为 20000 平方英尺的两层建筑内大约能容纳 180 人。办公室、宿舍、紧急医疗服务站的值班宿舍、厨房、健身房和更衣室都环绕着主车库分布，车库由消防员和紧急医疗服务站的工作人员共用。

　　建筑的部分墙面与洛克威海滩大街和附近的大西洋海岸线平行。所有空间的设计都是为了能够更好地接受阳光照射，同时利用自然海风进行通风，以降低这栋全天运行的建筑的能耗。

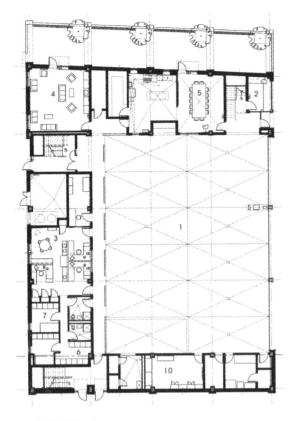

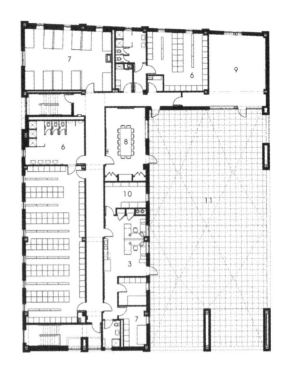

一楼的平面设计图　　　　　　　　　　　　二楼的平面设计图

1. 车库　　2. 通信值班室　　3. 办公室　　4. 休息室　　5. 就餐区域和厨房　　6. 更衣室　　7. 值班宿舍　　8. 训练室
9. 健身区　　10. 储藏室　　11. 天台

建筑里每一个空间都能照得到阳光，而且充分利用了空气对流，不需要依靠人工制风

室内楼梯

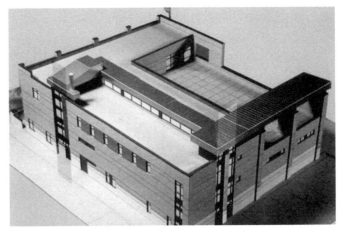

大楼的员工入口

建筑外部一览

室内楼梯

伍德哈尔服务站

》伍德哈尔紧急医疗服务站 (WOODHULL EMS STATION)

> 地址：布鲁克林区，法拉盛大道 720 号
> 设计机构：贝伊罕·卡拉汉联合建筑师事务所（BEYHAN KARAHAN & ASSOCIATES，ARCHITECTS）
> 管理机构：纽约市消防局，1999 年

哈雷姆服务站

伍德哈尔服务站大楼被分成了三个部分，一个作办公室和行政区域使用，另一个用作停车车库和净化室，还有一个用作机械服务和储藏室。这样划分能够最大程度上降低能耗，因为不同的区域有不同的制冷和供暖需求。

当位于布鲁克林区伍德哈尔医院园区内的这第一栋大楼竣工之后，在哈雷姆黑人聚集区、巴斯盖特、金斯县和斯普林菲尔德花园又分别建起了四座新的建筑。在每个地点，建筑的外部风格都考虑到了其所处的周边环境，有些时候是为了引人注目，有些时候则是为了与周边地区的风格相融合。

在为紧急医疗服务站选址的过程中，发现了少量已经存在的建筑。设计师针对这些地方运用了一种新的适应性再利用策略来安置和处理这些原有的相似建筑元素。

伍德哈尔项目于 1999 年获得了由纽约市艺术委员会（Art Commission of the City of New York）（现为纽约市公共设计委员会）（City of New York Public Design Commission）颁发的特别设计识别奖。

斯普林菲尔德花园服务站

金斯县服务站

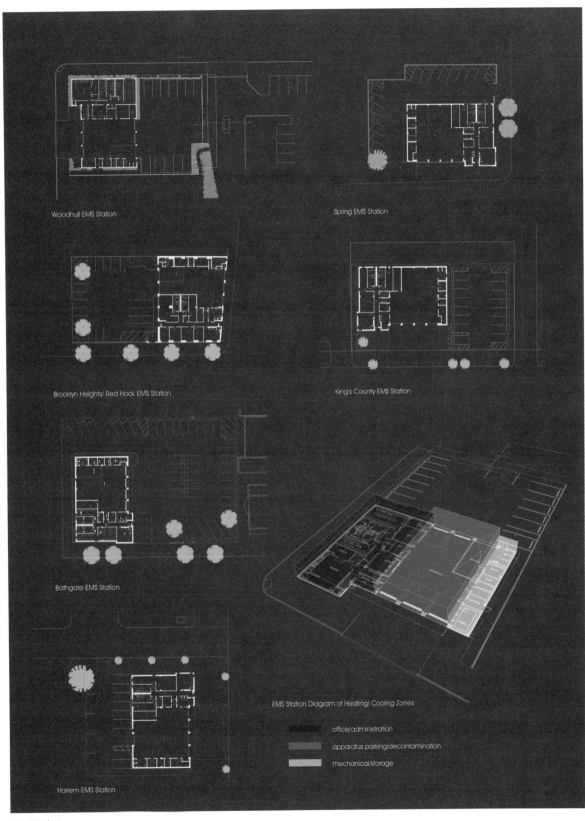

Woodhull EMS Station

Spring EMS Station

Brooklyn Heights/ Red Hook EMS Station

King's County EMS Station

Bathgate EMS Station

Harlem EMS Station

EMS Station Diagram of Heating/ Cooling Zones

office/administration

apparatus parking/decontamination

mechanical/storage

原型设计图

》泽雷加大道紧急医疗服务站（ZEREGA AVENUE EMS STATION）

> 地址：布朗克斯区，泽雷加大道 501 号

> 设计机构：史密斯·米勒 + 霍金森建筑师事务所（SMITH-MILLER + HAWKINSON ARCHITECTS）

> 管理机构：纽约市消防局，2014 年

　　这项工程位于一个服务水平低下的社区内，之前曾是一块被废弃的土地，现如今被改造成了一个社区花园。社区毗邻布朗克斯河，周边都是一些低层的工业和制造业仓库以及一些为低收入人群住房计划而建的高层公寓。新建筑为社区带来了急需的急救服务，并且在设计上向人们传达出一种积极向上的信息。从周边的高层公寓上或者从街边可以看到建筑的绿植屋顶。建筑半透明的发光聚碳酸酯外表面白天是透明的，晚上的时候就像灯塔一般，悬臂式的柱廊看起来也十分友好，这一切仿佛都预示着这个社区美好而光明的未来。

　　这座占地面积达 13500 平方英尺、拥有绿植屋顶的大楼是为了弥补失去原有花园（面积为 28350 平方英尺）所带来的损失而建造的。该项目与可持续发展的城市愿景相一致，既考虑到相关成本又不忽视维护的问题，建筑当中可持续的设计元素包括用于减少雨水径流而精心铺设的渗水路面；雨水和灰水循环再利用系统；通过设计和选材来达到天然通风和日光照明的效果；可回收材料的最大化利用以及通过高效的建筑系统和设备来降低建筑能耗。

建筑西立面的结构图

建筑内部景观 ▶

建筑西立面效果图

建造过程中的建筑外部一览

建筑模型的立视图

自然通风示意图

建造过程中的建筑外部一览

远处隐约可以看到布朗克斯河上的白石桥

纽约市五个区的基础设施项目

» **人行坡道**

» **人行道**

» **下水道**

» **水资源管理**

» **街道重建**

» **街道路面修整**

» **基础设施修复**

布朗克斯区

曼哈顿区

皇后区

布鲁克林区

斯塔滕岛

基础
设施

» **总水管项目**

» **非开挖技术**

» **雨水管理**

» **基础设施辅助性建筑**

走进纽约，形形色色的博物馆建造在改造后的街道上，繁华热闹的公共广场和广受欢迎的社区图书馆都给人留下深刻印象，但纽约的基础设施改进看起来似乎并没有为纽约居民的日常生活带来更多的改变。

除了修建由街道、主水管、雨水管及排污管构成的覆盖面广泛的网络系统之外，纽约市设计与建造局建造并修复了一些步行街（有陡峭的坡度变化的步行街）、挡土墙和社区广场。此外，纽约市设计与建造局也修复并重建了一些历史街道，如曼哈顿的石头街、位于曼哈顿下城包里街和西街之间的休斯顿街，以及布鲁克林邓波区的沃特街。休斯顿街充满现代风情，景观优美，且在贝德福德三角区的位置建有一座公园，但是其供水系统的更新仅起到了如下两个作用：①连接西区 3 号城市水渠；②为东区居民提供生活用水。位于曼哈顿区和布朗克斯区之间，作为 19 世纪巴豆渡槽的一部分而建立的高桥正在修复和加固之中，在这之后它将作为人行桥及一座活的博物馆而重新开放。

纽约市设计与建造局在兴建城市基础设施的过程中，也不断采取包括非开挖技术在内的绿色创新的施工方式。在基础设施建设中采用非开挖技术，可以使得街道的地下施工与地表活动同时进行，互不干扰。在位于曼哈顿区的麦迪逊大道的建造过程中，一种名为非开挖滑衬法的施工方式就得到了应用，使得麦迪逊大道在施工的同时，实现了对地面交通、商业活动和居民生活的零打扰。非开挖滑衬法也被用于林肯中心下方的施工以及位于阿姆斯特丹大道和哥伦布大道之间的第 62 街的街道建设。另一种名为非开挖无沟槽法的微隧道施工方式也在诸多建筑项目中得到采用，如位于皇后区的环城公路，位于布鲁克林区的汉密尔顿公园和位于斯塔滕岛南岸的一些建筑项目都采用了此种方法。在纽约市由于近期灾难性暴雨而遭受前所未有的洪水袭击之前，纽约市设计与建造局和环境保护局就已经在着手更新、改善纽约市的雨水管理系统了。

为保持纽约市的基础设施的良好运作，需要专门的辅助性建筑与设施，来为纽约市的主水管、下水道、车行道和人行道提供持续的修理和维护。这些辅助建筑及设施对于环境保护局和交通局的运转至关重要，例如位于雷姆森大道上的新园区和位于新汉密尔顿大道的沥青拌和厂，雷姆森大道的园区为环保局的车辆提供保养服务，交通局则利用沥青厂来生产含有高度可再造成分的沥青来修补路面坑洼及重新铺设路面。

纽约市 3 号输水隧道位于哈德森街的轴连接作业

总水管项目 >> >> >> >> >> >> >>

>> 纽约市 3 号输水隧道轴连接与主水管安装 (CITY WATER TUNNEL NO.3 SHAFT CONNECTIONS+WATER MAIN INSTALLA-TIONS)

> 地址：曼哈顿，格兰街、哈德森街、拉菲逸街、第二大道、第八大道、西三十街、东三十一街、西四十八街（包括林肯中心区）、东五十八街、东五十九街以及东六十街

> 管理机构：纽约市环境保护局（建造工程始于 2009 年，目前仍在建）

    纽约市的供水系统每日为当地 800 多万居民以及居住在其附近的韦斯特切斯特、普特南、阿尔斯特和奥兰治县的大约 100 万居民提供总计约 12 亿加仑（1 加仑 =3.7854 升）的饮用水。该供水系统水源源自纽约市以北及以西约 125 英里的水域。水源地大致可分为三个水域，其中包括 19 个水库和 3 个受保护的湖泊，水域总面积达 2000 平方英里。

    水流经渡槽流入到水库，然后进入纽约市的两大主输水隧道，随后进入长约 7000 英里的主水管，最后进入到千家万户的水管并从水龙头中流淌而出。

    纽约市 1 号与 2 号输水隧道是纽约市水利系统中的两大原始输水隧道，直至今日，它们依旧输送着纽约市所有的清洁用水。这两大输水隧道，均位于纽约市的基岩深处，已经需要关闭其供水并进行检查与维修。为确保检查与维修工作的顺利进行，纽约市正在建造一条新的长达 60 英里的输水隧道，即纽约市第 3 号输水隧道。纽约市环境保护局已建设完成十条连接轴，用以连接位于各行政区域之间主要大桥之下的 3 号输水隧道，并将其连接到纽约市设计与建造局正在组织安装的新的主水管系统当中。这些主水管（直径大多为 48 或 60 英寸），贯穿整个曼哈顿区，在未来，将为纽约市居民输送日常饮用水。新主水管道的安装相关工作还将包括安装新的下水道、排水设施、人行道和道路。

纽约市 3 号输水隧道位于
哈德森街的轴连接作业

非开挖技术 ≫ ≫ ≫ ≫ ≫ ≫ ≫

> 地址：曼哈顿麦迪逊大道第 41 街至第 78 街

> 地址：布鲁克林区汉密尔顿堡公园道路

> 管理机构：纽约市环境保护局，2010 年

在美国内战之后，纽约市规模不断扩大，曼哈顿区下城的用水需求也急剧增长，为缓解用水需求，一条位于麦迪逊大道之下，起于中央公园水库，止于纽约市中心，直径为 48 英寸的铁铸主水管被修建起来。百余年来，这条主水管一直为纽约市民提供着安全的纯净水。近年来，该水管的老化日趋严重，已经到了需要降低其操作压力以确保其安全使用的程度。

麦迪逊大道主水管的滑动内衬

汉密尔顿堡公园道路，
顶管施工过程

　　为了修复老化的水管，纽约市环境保护局与纽约市设计与建造局合作，对此主水管进行了跨 37 个街区，近两英里的管道替换工作。纽约市设计与建造局意识到如果采用开沟挖掘法修复该水管，会极容易造成巨大破坏，因此他们选取了另一种替代方法来更换管道，即非开挖无沟槽管道修补技术。这种方法将聚乙烯内衬折叠后从一个小的井口放进管道内，并在管道内将其拉伸，使其往下贯穿整个水管的各个布点。这种方法消除了大面积挖沟的水管修复需求，并且避免了对当地企业、住宅区、四个城区公交线路交通状况的过于明显的影响。对比开沟挖掘法，管道换衬法还减少了因为开挖大的开放式沟槽而带来的施工进度上的延迟。在环境方面，该方法也缓解了交通拥堵，减少了卡车尾气排放和多余废物的焚烧而造成的污染。

　　这个项目刚刚一完工，就创下了大直径主水管换衬最长的世界纪录。纽约市设计与建造局现在正在努力采用这个同样的方法来修复并升级其他几个大直径水管，包括位于布朗克斯区纽约植物园的水管。

　　纽约市设计与建造局在位于汉密尔顿堡公园道路的水管修复项目采用了另一种名为"顶管施工法"的非开挖技术，用以减轻严重洪水灾害对城市水利系统造成的巨大破坏，并提升布鲁克林湾脊区的供水服务。

　　顶管施工法采用大型的钢筋混凝土管道替代使用了上百年的砖制下水管道，在顶管施工的过程中，隧道挖掘机缓慢前进，仅仅只移除向前铺设安装新管道所需要移除的土壤量。隧道挖掘机可以配备各种各样的切割头，以适应不同的岩土质地，使得挖掘机可以通过或干燥或饱和的各类固体、沙子与岩石。隧道挖掘机通常由操作人员在一个小型顶管井的上方对其进行操纵。

斯塔滕岛上的最佳雨水管理实践案例

雨水管理 »» »» »» »» »» »» »

»» "最佳雨水管理实践" 项目 （BEST MAN-AGEMENT PRACTICES）

› 地址：斯塔滕岛蓝带网络

› 管理机构：纽约市设计与建造局基础设施部、纽约市环境保护局，项目工程始于 1997 年，目前仍在进行中

　　在纽约市的城市水利系统建设中，有一个最重要的环境概念，就是利用自然景观来管理雨水径流，这些环境概念应用到水利系统管理项目当中，则被统称为"最佳雨水管理实践"项目。

　　在纽约市的大部分地区，雨水径流最终会进入城市的下水道系统，因而当暴雨来袭时，大量且集中的水流会和下水道污水合并，直接溢出至河流和港口，从而轻而易举地瓦解城市的污水排放系统。"最佳雨水管理实践"项目极力减轻下水道的径流负担的极端情况，从而保护纽约市附近的河流和海洋免受雨水径流过载所带来的负面影响。

　　位于斯塔滕岛的蓝带网络就是"最佳雨水管理实践"的其中一个项目：当地拥有溪流、池塘和沼泽排水走廊，通过采用最佳管理实践项目方法，纽约市设计与建造局所主导的项目，使用自然强化的方式，利用盆地、洼地和植被等自然地形来减缓进入城市下水道的雨水径流。如果能够成功利用自然地形，雨水将被岩石、沙子、植物和其他自然事物阻滞，缓慢流入下水管，而非直接进入下水管。"最佳雨水管理实践"项目是由纽约市环境保护局发起的，其目的在于将季节性暴雨溢流区的雨水径流量减少 10%。

斯塔滕岛上的最佳雨水管理实践项目

　　蓝带网络在斯塔滕岛占地约三分之一，该区采取的雨水管理措施成了低成本高效益的雨水管理系统建设的最佳案例。它没有按过去的标准建造大型排水渠，相反，通过有效利用自然景观，在有效管理了雨水径流的同时，还为本地植物、土地、水生动物和候鸟等提供了适宜的开放空间和栖息地。

斯塔滕岛上的最佳雨水管理实践项目

基础设施
辅助性建筑

为了维持纽约城市基础设施的良好运作，为城市的供水管道、下水管道、高速公路、人行道路提供持续性的升级与维护，一些辅助性建筑和设施是必不可少的。这些辅助性建筑对环境保护局和交通局的运转至关重要：新建的雷姆森大道花园园区为环境保护局提供车辆服务，汉密尔顿大道沥青厂则生产高回收利用率的沥青，以供交通局来修复路面坑洞和重新铺设高速公路。形形色色的辅助性建筑满足了城市基础设施建设和运转等方方面面的需求。

DELANCEY & ESSEX MUNICIPAL GARAGE
7′-0″ CLEARANCE

停车场南面的夜间景观

德兰西与埃塞克斯市政停车车库（DELANCEY AND ESSEX MUNICIPAL PARKING GARAGE）

> 地址：曼哈顿，下东区埃塞克斯街 107 号
> 设计机构：米奇埃里＋怀茨纳建筑师事务所（MICHIELLI + WYETZNER ARCHITECTS）
> 管理机构：纽约市交通局，2014 年

德兰西与埃塞克斯市政停车车库共有五层，投入使用已达四十年之久，其修复工作包括将建筑面向埃塞克斯街与勒德洛街道那一侧不断老化损坏的预制混凝土面板外墙替换为轻质、自然通风且具有视觉动态效果的外墙，使其更好地和周边社区的景观相协调。

车库的立面由偏移两层复合缆线而产生的线的三维表面所组成。这两层缆线表面，一层为平面，另一层是一个翻折的面，当行人同时观看这两个面时，那些交叉的线条就产生了摩尔条纹。随着观看者位置的改变，无论他们是在走路还是乘坐汽车，其位置变化会导致其视线变化，从而使其观察到的莫尔条纹呈现出一种动态变化之美，仿佛线条在车库外立面上波动一般。这样的动态线条及其所带来的流动感，恰与移动车辆的动态特性相映衬。摩尔条纹的样式以及它所呈现出来的运动方式与进入到这栋大楼的汽车的运动方向相关，以便为进出停车库的司机提供最佳的动态视觉效果。

德兰西与埃塞克斯车库的外立面构想图，如图所示，通过偏移两层复合缆线的方法来达到线构三维表面的效果

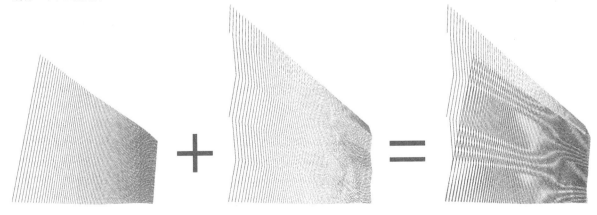

缆线的设计灵感来源于抽象艺术家们的杰作，比如仅用线条就定义出形式和空间的艺术家纳姆·加博（Naum Gabo）与弗雷德·萨蒂巴克（Fred Sandback）两位的作品。该修复项目借鉴了 20 世纪 60 年代欧普艺术（Optical Art）的动态视效之美，包括法国艺术家弗朗索瓦·莫尔莱（Françoise Morellet）的"格子画"（"Grillage drawings"），利用简单的几何图形进行并置，来创造新的、大规模的图案样式。

该项目中所使用的缆线材料，原本是交通局用来作为路障的标准材料，但是在这个项目当中，它却被赋予了新的用途——通过将材料横向翻转并纵向延展的方式来构建车库外立面，缆线的排布方式就好像是在

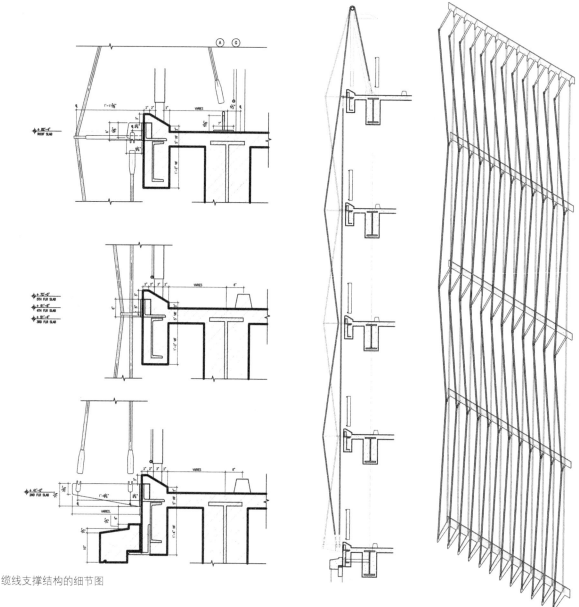

缆线支撑结构的细节图

织布机上编织出来的一样，这种"编织"概念的运用，恰与曼哈顿下东区以及那里繁荣悠久的制衣产业相呼应。

这个位于街区中央的车库在其临着的两条街道上都有停车入口。位于一楼的办公室和洗手间还在翻修之中，车库计划增加 22 个自行车的停车位。屋顶和电梯正在进行换新，并配套升级基础设施。

车库南面的外立面上，在屋顶和建筑第二层之间安装了连续的装饰性照明灯。照明灯覆盖在缆线所构成的表面之上，突出了车库外立面的几何形状，并最终提升了用户的视觉体验。

临着埃塞克斯街道一侧的车库外立面景观

哈珀街园区维护站（HARPER STREET YARD MAINTENANCE FACILITY）

> 地址：皇后区，哈珀街 32-11 号

> 设计机构：n 建筑师事务所（nARCHITECTS）

> 管理机构：纽约市交通局，2009—2015 年

在这个关于交通局下辖维护站的改建项目中，n 建筑师事务所设计了一栋新的电气大楼和一座监控亭，以改进新建柴油泵站的交通运转模式。该新建的电气大楼占地 500 平方英尺，将专门用来为交通局的沥青工厂储存放置仪表面板和变压器。该建筑在外观上有意模拟了一种代表着"电力加强"意味的电气符号。从附近的高速公路上可以看见该建筑的绿色环保屋顶。监控亭的外表面由黑白色瓷砖覆盖而成，这些瓷砖所组成的图案也同样准确地模拟了一种交通符号，该符号表意为"交通流量"。该项目获得了 2011 年由纽约市公共设计委员会颁发的卓越设计奖。

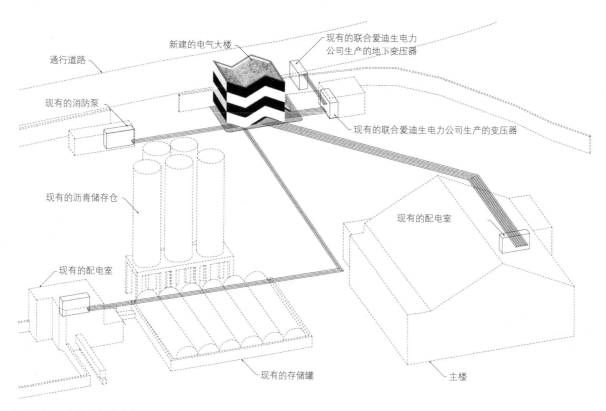

该图显示了建筑之间的电力连接

电气大楼的入口与楼顶的绿色环保屋顶

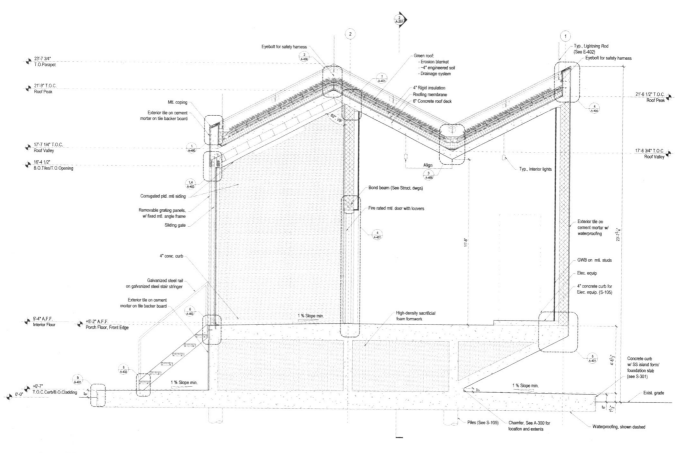

电气大楼截面图

从园区入口处看向电气大楼

电气大楼东外立面和北外立面景观

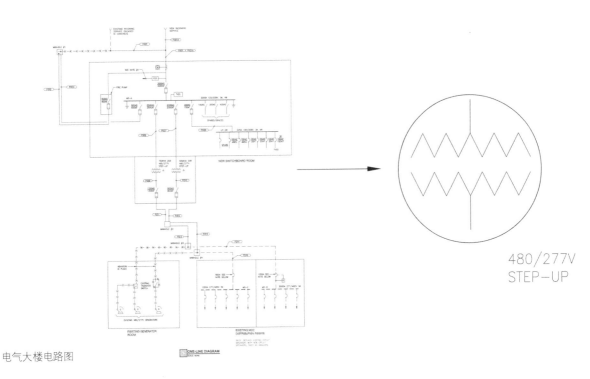

电气大楼电路图

电气大楼的外立面

置于沥青地面上的建筑

由互光灯和瓷砖的暗带组合所呈现的交通符号与道路标志

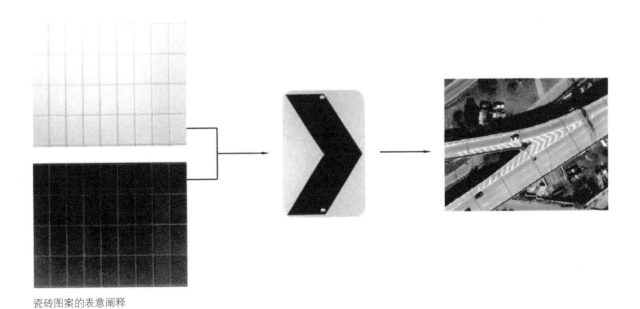

瓷砖图案的表意阐释

》 杰罗姆园区 （JEROME YARD）

> 地址：布朗克斯区，杰罗姆大道 3201 号

> 设计机构：1100 建筑师事务所（1100 ARCHITECT）

> 管理机构：纽约市环境保护局，2008 年

    杰罗姆园区集行政建筑与维护设施于一体，占地面积达 144000 平方英尺，位于人口稠密的布朗克斯区。该园区内有一座罗马复兴风格的地标式砖砌建筑——泵房，以及其他一些不足以满足纽约市环境保护局需求的砖石建筑。在 2008 年，1100 建筑师事务所就针对杰罗姆园区进行了可行性调查并完成了对其进行改造的概念方案设计。为了最大限度地优化园区的安全性、流通性和可持续发展性，设计方案建议保留其地标建筑，拆除附属建筑物，并建造一个集办公空间、车库、维修服务于一体的新建筑。

    为了达到 LEED 银级认证的水准，该园区的维修再建，将日光采集、太阳能热水、雨水采集与再利用全部纳入到其可持续发展的功能设计中去，为了最大限度地提高园区的运转效率，园区的办公场所将建在主要车辆通道的对面，而客车车库将位于办公场所的南部。这样的紧凑布局是为了将来得以在园区的背面进行建筑扩建，同时最大限度地保证车辆行驶的畅通性。玻璃封闭式办公楼的多块面形式让人想起了泵房的三角形山墙，在呈现出现代风情的同时，又和古风情的地标建筑遥相映衬。办公楼下的无柱式车库的外表面包覆了一层金属网和金属门。

针对杰罗姆园区的修复再建，目的是使其成为纽约市设计与建造项目当中的先锋项目，使其在可持续发展性能方面远超当地 86 号法案中的相关要求，以获得 LEED 银级认证作为目标

1100 建筑师事务所为杰罗姆园区建筑群所制定的设计方法将极大限度地提升园区的安全性与交通畅通性

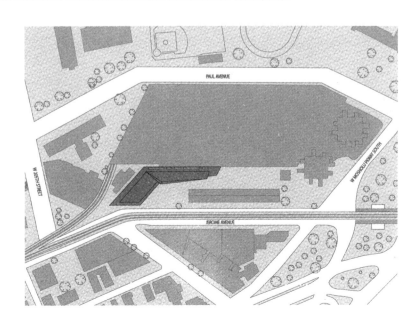

园区场地规划图

>> 曼哈顿社区第 1/2/5 区车库与盐棚（MANHA-TTAN COMMUNITY DISTRICTS 1/2/5 GARAGE AND SALT SHED）

> 地址：曼哈顿，华盛顿街 500 号，西街 297 号

> 设计机构：达特纳建筑师事务所；WXY 建筑与城市设计事务所（DATTNER ARCHITECTS with WXY Architecture）

> 管理机构：纽约市卫生局，2016 年

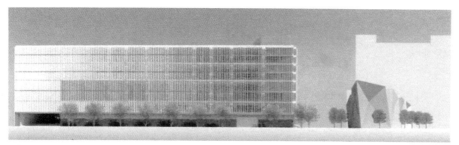

建筑的西面景观

　　曼哈顿社区车库位于春天街与西街的拐角处，毗邻荷兰隧道通风竖井，可以俯瞰哈德逊河，能够为纽约市卫生局提供三个区的停车车库。该车库为多层建筑，占地面积达 42.5 万平方英尺，能够为纽约市卫生局提供超过 150 个专车车位，并且为每个区分别提供员工设施、集中加油设备和维修设施。

　　双层穿孔金属翅板所构成的建筑外立面包裹着建筑幕墙，以便纵向连接起整个建筑体块并减弱阳光的直射。站在邻近的建筑上看向车库大楼，楼顶宽阔的绿色屋顶让整座建筑变得柔和，绿色植物同时还能够对屋顶起到保护作用并增强其雨水滞留能力与热力性能。该车库大楼的设计有望获得 LEED 金级认证。

　　春天街盐棚与车库大楼相邻，盐棚坚实的、如水晶般的外表面和位于它北部的车库大楼透明的、犹如薄纱状的外表面形成鲜明对比。该盐棚占地 6300 平方英尺，由混凝土现浇而成。为了创造更多的行人空间，盐棚的形体结构从顶部向底部逐渐变细，在夜晚，这样的结构使得这座盐棚看上去就好像从一条被照亮的护城河上冉冉升起一般。除此之外，该盐棚高达 70 英尺，能够容纳 4000 吨盐。它在这个重要的两条街道的交汇点成为一个炫目的地标式建筑。

从哈德逊河畔公园的视角看过去，所能看到的曼哈顿社区 1/2/5 区车库以及春天街盐棚的景观

从哈德逊河畔公园看向车库大楼

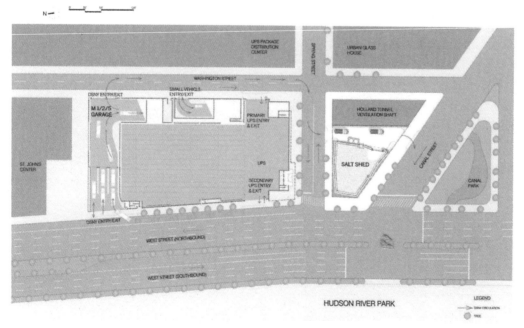

场地规划图

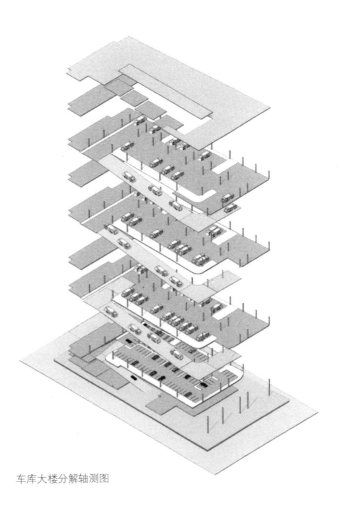

车库大楼分解轴测图

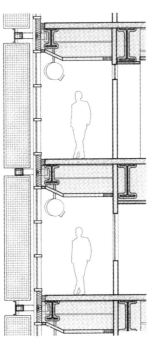

工作人员所处的夹层横截面视图

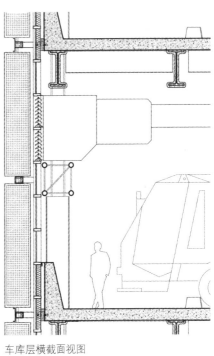

车库层横截面视图

园区入口处所使用的再生砖以及重建后的新景观

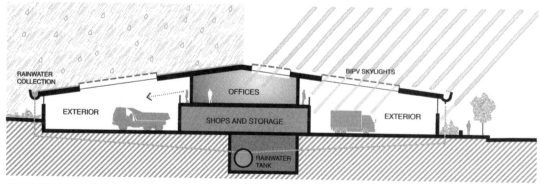

园区建筑的环境响应图

» 雷姆森园区 (REMSEN YARD)

> 地址：布鲁克林区，雷姆森大道 855 号

> 设计机构：基斯 + 卡斯卡特建筑师事务所（KISS + CATHCART ARCHITECTS）

> 管理机构：纽约市环境保护局，2012 年

园区规划图、正视图以及剖面图

雷姆森园区位于卡纳西社区（Canarsie），占地面积达 2.5 英亩，是专门为纽约市给水排水系统提供维护服务的一个至关重要的中心。雷姆森园区虽然是纽约市环境保护局管辖下的最大建筑之一，这个园区却是从 19 世纪 30 年代开始一点一点被建造起来的。基斯 + 卡斯卡特建筑师事务所对其进行了再次设计并优化了整体布局，致力于将通常只被人们视为实用基础设施的建筑改造成高水准的建筑，同时兼顾了建筑对于环境的可持续性。该园区的大部分地段仍然作为车辆通行场所被保留，位于园区周边的建筑群被用来储存材料，但是工作间和行政区域则会进行重建与扩建。

起初该事务所设想将大多数车位都集中安置在一个公共的车库内，但显然这样做的系统成本和能源成本都会很高，而后来在针对可持续发展方案的早期研讨会上，一个突破性的想法诞生了——可以通过提供能够防晒防雨的屋顶而非构造封闭空间的方式来避免将整块地圈划出来。

接踵而至的挑战就是思考该如何去实现这一集防晒、通风和收集雨水功能的屋顶。设计师的做法是在屋顶上配备天窗，标准的天窗设备不仅和整个建筑系统相协调，还能够将包括光照强度在内的各项指标调整到合适的水平。在每一条天窗带的上端，都有一个定制的出口来排出空气，这样汽车尾气就不会在屋顶下堆积。天窗上还安装了双层单晶光伏电池以形成类似半透明玻璃的效果，尽量减少材料的使用。

该屋顶的占地面积超过一英亩，运作效率高，每年能收集到的雨水和雪水最多可达到一百万加仑。这些被收集到的水首先流经两个排水井，被保存在容积为 20000 加仑的罐子里，然后经过加工用于车辆的清洗和材料雾化（主要目的是控制粉尘），雷姆森园区这两项工作的耗水量达到每天 6600 加仑。

雷姆森园区周围竖直环绕着一堵建造于公共事业振兴署时期（Works Progress Administration's-era）的砖瓦墙，十分引人注目。新的设计方案沿着 D 大道(Avenue D)

整合了一条长达 400 英尺的复原过的砖墙，并使用部分红砖以马赛克的形式在新建的入口处打上了园区的标志。位于高墙之后的雷姆森园区看起来显得有些难以接近，因此新建的大楼在原来园区周边位置的基础上后退了 15 英尺，位于一片直线型花园的后方。有部分砖墙被拆除挪用于建造入口处的标志以及位于街边的座位。极易养护的本地植物构成了一片洼地，来帮助过滤从屋顶流出却没有流入园区集水系统的径流，洼地的表面铺满了石头和回收的碎玻璃。设计这一景观的目的在于使过往人群能够感受到此处的绿意盎然，同时，用植物覆盖住裸露的墙壁也能有效避免路人的随意涂鸦。

夹层的走廊，挨着走廊的外立面选用了半透明的标准材料，能够保证充足的日照

雷姆森园区的改造秉承着简单经济的设计原则，外挑的屋顶是单元结构模块清晰而重复的叠加，钢制桁架和露台作为表现元素被暴露在外，通过对常规材料的巧妙运用，呈现出了超乎寻常的半透明层次感。尽管屋顶没有选用昂贵的金属面板，但却通过采用经济适用的多孔波纹板和铁丝网，缔造出了一种引人瞩目的效果。封闭的车库直接采用清水混凝土砌块的施工方法；办公室的外墙面覆盖了一层黄色面板。

雷姆森的行政区域设置在夹层，除了不受车辆噪声和尾气影响之外，办公视线也开阔无比，能够看到园区的大部分区域，这对于安全性来说至关重要，因为园区场地内的许多装备和材料都十分贵重。

高效的办公布局当中还留出了一块没有被指定具体用途的空间，这部分空间现在成了办公区域的外部庭院，庭院中摆放着可再生的树脂餐桌，地面铺设了人工草皮，庭院中还有轻量型的花槽，所有这一切都为员工构造出超乎想象的舒适办公生活。

位于夹层的露天庭院

通往夹层办公室的楼梯

>> 西姆斯日落公园废品回收处理厂（SIMS SUNSET PARK MATERIALS RECYCLING FACILITY）

> 地址：布鲁克林区，第三十街码头，南布鲁克林海运码头
> 设计机构：塞尔多夫建筑师事务所（SELLDORF ARCHITECTS）
> 管理机构：纽约市环境保护局，2013 年

西姆斯日落公园废品回收处理厂是由纽约市政府和西姆斯市政回收公司（Sims Municipal Recycling）共同建造的对金属、玻璃和塑料等可回收材料进行加工处理的中心。该厂建成后将成为全美同类设施中规模最大的建筑。该废品回收处理厂坐落在日落公园占地 11 英亩的码头区域，毗邻建造于 19 世纪的，以前用于制造和运输作业的码头。该废品回收处理厂的设计受到了周围浓重工业氛围的影响，但是，作为一个废品回收中心，其"回收利用"的指导性思想，也一直激发着该项目本身重视材料的重复利用的设计理念。

朝东边看向废品回收处理厂，位于右边的这座倾斜的建筑是用于对接运输回收物品的驳船，位于左边的建筑是游客中心以及行政大楼

这个倾斜建筑的结构元素呈现在建筑体外部，钢梁和横系杆产生了强烈的视觉冲击感

专门用来加工和处理回收物的建筑内，机器设备正在分拣可回收垃圾

在西姆斯日落公园废品回收处理厂的总体规划中，有 36% 的土地用于新建绿地，通过本土植物和生物洼地来修复棕色地带。规划的另一个至关重要的方面是创造一个独特的循环系统，该循环系统将参观者与工厂的操作间和卡车的运输路线隔离开来。西姆斯日落公园废品回收处理厂占地面积达 125000 平方英尺，包括一座倾斜的建筑，是用来接收驳船运回的废品的；几幢用来加工和将回收物打包存储的大楼；一座集游客中心与行政功能于一体的大楼，在这座建筑中，学生和其他民众可以学习与废品回收利用相关的知识。由于预计到未来的海平面高度会上升，该建筑群的海拔比现有的建筑规范所明确要求的指标还要高上 4 英尺。

该项目面临的挑战之一就是找到能够阐释并全面展示该工厂的方法，只有这样，才能将工厂与其他大框架箱体结构的建筑区分开来，因此，设计师逆向地将建筑的结构元素呈现在外部，使得钢梁和横系杆产生一种视觉上的冲击感。

利用驳船来装运可回收物的举措能够为城市环境的净化做出巨大贡献，因为驳船的替代作用，垃圾运输车的使用率被降到最低，每年在道路上所减少的行驶里程可以达到约 26 万英里。此外，该项目的其他一些可持续设计元素也正在被实施，比如使用了纽约市最大规模的光电伏发电技术以及能够为废品回收处理厂提供四分之一能源的风力发电机；此外，还设置了能够过滤暴雨雨水的生物洼地。该废品回收处理厂的几乎各个地方都用上了可再生材料，比如，场地填埋使用的是由回收的玻璃、沥青和从曼哈顿第二大道地铁建设工程中回收的石头所组成的混合材料；金属建筑物中的金属材料有 98% 都来自于从美国境内回收的钢材；而游客广场则是由再生玻璃建造而成。

≫ 斯塔滕岛轮渡码头（STATEN ISLAND FERRY TERMINAL）与彼得·米努伊特广场（PETER MINUIT PLAZA）

> 地址：曼哈顿区，南大街 4 号和白厅街
> 设计机构：弗雷德里克·施瓦茨建筑师事务所（FREDERIC SCHWARTZ ARCHITECTS）
> 管理机构：纽约市交通局，2005 年

斯塔滕岛轮渡码头占地面积达 225000 平方英尺，坐落于曼哈顿区的最顶端，这里的景色最为壮丽，每年来往经过这里的上班族和游客超过 2100 万名。以历史悠久的纽约港作为其前景，以曼哈顿的天际线作为其背景，斯塔滕岛轮渡码头拥有着引人注目的地理位置，与此同时，作为纽约市具有象征意味的城市大门以及主要的联运交通枢纽，该码头的功能性也被实现得恰到好处。码头是个富有生气的地方，汇聚了音乐、艺术装置和舞蹈表演等文化活动。75 英尺高的入口大厅以及大厅四周的玻璃幕墙将市中心的天际线从视野上纳入了这座建筑，大厅为每天在码头上来往经过的上班族和游客们都提供了宝贵的空间，使他们得以远眺港湾并瞻仰自由女神像。

位于上方的码头入口层

码头入口

斯塔滕岛轮渡码头建设项目所采用的方法能够减少 40% 的能源消耗。该码头朝南建成集成光伏拱肩和屋顶面板，堪称曼哈顿第一个重大公共装置，也是最大的公共装置，能够为该建筑提供 5% 的电力负荷。该项目的可持续设计理念还包括采用被动冷却通风系统；地板辐射供暖系统；低能源机械系统；提供多样化的交通工具选择并鼓励民众骑自行车出行以及节水绿化；使用当地的低排放材料；注重环境的热舒适度和尽量采用日光照明并保证良好的视野。码头设计方案还对曼哈顿下城区的街道进行了 100 多年来的首次重新配置，并且通过移除一个停车场的方式恢复了滩涂湿地和海滨观

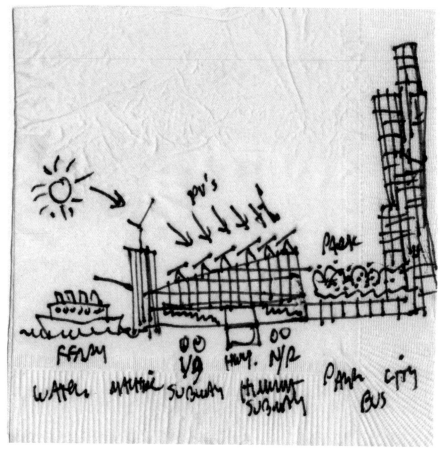

设计方案概念草图（出自弗雷德里克·施瓦茨）

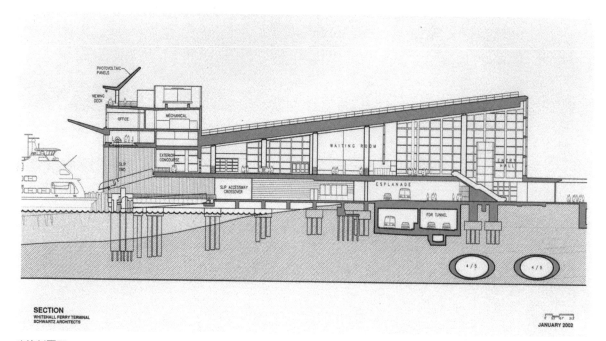

建筑剖面图

沿着港湾一侧的建筑外立面

景长廊。与此同时，这个主要的交通枢纽还整合了一个占地 1.3 英亩的新广场，并针对自行车、公交车和出租车都分别设有专用车道，营造了一个更为安全的道路环境。

这个项目的设计方案克服了纽约市公共设施工程建设史上最为困难的几个挑战。想象一下，在拆除一座百年建筑的同时，直接在三个最古老最脆弱的地铁隧道顶端建造一个新的码头和一条地下高速公路——与此同时，每天都有 7 万人穿行于这片区域去乘坐准时而从不出差错的渡轮，其难度可想而知。在这个项目 18 年的建造历程中，设计的远见与决心、坚定不移的毅力贯穿始终，3 位市长和来自 50 多个市、州及联邦政府机构监管部门的通力合作才最终造就了这一国际知名的轮渡码头。

储藏室

日出园区 （SUNRISE YARD）

> 地址：皇后区，皮特金大道 88-20 号
> 设计机构：格鲁森·萨姆顿建筑师事务所（现在是 IBI 集团的一部分）
> （GRUZEN SAMTON ARCHITECTS（now part of IBI Group））
> 公共艺术百分比设计：萨穆·昆斯（Samm Kunce）
> 管理机构：纽约市交通局，2010 年

建筑外部景观

　　日出园区是为纽约市交通局管辖下的建筑提供维护和支持服务的木工、电工以及水管工人的总部所在地。日出园区占地面积达 27000 平方英尺，坐落于居民区之中，它是一座高性能的院落，它的存在证明了可持续的设计也是可以通过低技术手段来实现的。

　　该项目的首要目标是建造一座节能高效、工作环境舒适的建筑，用它来取代原来这里已经过时的建筑。建筑师们分析之后，决定将该建筑划分为三个区域，以同时满足功能目标和环境目标，第一个区域用来办公，第二个区域作为工厂，第三个区域用作储藏空间。兼顾这三个区域对于机械系统、采光和表面装饰方式的不同要求是这个项目设计的目标和可持续发展战略的核心所在。

　　在正常的工作时间内会被完全占用的办公室和人事协助区朝南面向街道，大树在这里投下一片荫蔽，散布在大楼里，朝向北面的许多个显示器阻碍了阳光的直射，使阳光不能照射到放置有危险机器的车间里来。一年中的大部分时间里，自然光线可以为大楼提供均匀的光照，其照明强度高达 50 英尺烛光甚至更高。利用地板辐射采暖和自然通风，必要时再打开风扇，就能将室内气温调整适宜，没必要再使用空调。储藏室因为使用频率低，因此对太阳照射并没有那么的敏感，对于温度变化的控制也没有更高的要求。大楼顶端可以折叠的屋顶和连绵的屋檐过滤掉了从上方直射下来的阳光，园区的规模尺度是由横向搭建的建筑元素来界定的，在这些建筑元素中间间或有规律地点缀着垂直槽、天窗和百叶窗。园区建筑所使用的材料包括立边咬合式金属屋顶以及由暖色砖块和地面材料所构成的砖石混合材料。作为纽约市公共艺术百分比项目当中的一个部分，百分比艺术基金资助建造了一堵长达 250 英尺的高墙，这堵墙是用从这片场地上的旧建筑中回收过来的砖块建造而成的，因此从某种程度上来说，它将这片区域的过去和现在连接了起来。该项目获得了 LEED 白金认证。

艺术墙的细节

以从旧建筑中回收的砖块作为特色的艺术墙

工作车间

园区模型图

相关企业及建筑设计事务所简介

≫ 1100 建筑师事务所（1100 ARCHITECT）

1100 建筑师事务所是一家建筑设计公司，在纽约和法兰克福都设有分部，公司的主要负责人是大卫·皮斯库斯克斯（David Piscuskas）（美国建筑师协会会员、美国绿色建筑委员会认证专家）和约尔根·里姆（Juergen Riehm）（美国建筑师协会会员、德国建筑师协会会员）。1100 建筑师事务所为政府和私人客户提供设计服务，服务范围涵盖建筑设计、项目设计、空间分析、室内设计和总体规划设计等方面。事务所涉猎广泛，设计对象包括教育与艺术机构、图书馆、办公室、住宅、零售店以及其他公共设施，客户遍布世界各地。

1100 建筑师事务所善于在建筑设计中展现永恒之美，设计风格独特且具有现代风情，与此同时，也注重建筑和周边环境的相互融合与协调，注重建筑的可持续性。1100 建筑师事务所之所以能够走到今天，根本原因在于其对于建筑设计的看法和理念从不僵化，他们认为建筑设计不是一成不变的，而是随着顾客的期望、场地、时代背景、可用资源以及时间的变化而不断变化和进步的。

他们坚信，好的设计能够激发用户的思维与潜能，不论是对个人还是对社区，都能产生积极而持久的影响。事务所在设计过程中，并不受一些教条性设计理念的束缚，而是倾向于针对每个项目的不同特点，将光线、材料和细节作为考虑要点，而每一次最终所呈现出来的建筑都是集功能、外观、创新和可持续性于一体，并且做到了和周边环境优雅地融合。

1100 建筑师事务所的建筑师们以可持续和高性能的设计作为其目标，坚定不移地致力于做出优秀的设计并为社区提供服务。基于他们从许许多多符合或是不符合美国绿色建筑委员会制定的 LEED 要求的项目中所获得的经验，事务所形成了一个稳定的认识，即对于一个考虑周全的、对环境有责任感的项目来说，好的设计和环境的可持续性是项目当中互相关联的要素，需要两者兼顾，并利用设计手段来促进环境的可持续性。

德国，法兰克福东区复式公寓，1100 建筑师事务所的设计作品

位于纽约巴特雷公园城（Battery Park City）的纽约公共图书馆，1100 建筑师事务所的设计作品

1100 建筑师事务所在纽约的办公室

≫ 艾奕康技术公司（AECOM）

艾奕康技术公司的办公室成员合影

艾奕康技术公司提供专业的设计、规划与工程服务。虽然艾奕康知名全球，但最令公司引以为豪的是他们所参与的区域性工作实践，在区域性工作中，艾奕康用其独到的资源，以顾客需求为主导，因地制宜，提供设计方案以解决当地对应的问题。艾奕康在公共空间的创造和转化利用方面颇有建树，为弗拉特布什大道（Flatbush Avenue）以及紫薇大道（Myrtle Avenue）的修复工作提供了设计与规划方案，在纽约市对街道景观与海滨公园的建设投入方面也都发挥了重要作用。

作为一家全球性的专业服务公司，艾奕康自建立之初就致力于为建筑、自然和社会环境中出现的复杂问题提供量身定制的整体解决方案。经过 20 余年的不断发展与进步，艾奕康于 1990 年转型成为一个员工所有制公司，并合并了 30 多家优质的设计、建筑和管理服务公司，逐渐成长为全球最大和最受尊敬的跨领域专业

技术服务公司之一。

在发展过程中，艾奕康仔细听取了许多客户的需求与要求，并以此为导向，逐步建立起独特而又灵活的运作平台，艾奕康也逐步成为一个能够在以客户为中心且满足客户的各种需求的前提下，同时从全球运营的经验中不断获取集体智慧和相关经验的公司。艾奕康已经认识到与客户进行透明合作的重要性，也认识到将共同参与、共享问题、共享成果作为成功商业模式的核心信条的价值所在。

艾奕康的另一独特之处在于其脚步已遍布全球，在很多地区，艾奕康都是一个重要的存在。在服务全球客户的过程中，艾奕康致力于解决问题和克服挑战，在保证项目质量的同时恰到好处地融合美学元素。艾奕康一直有意识地将其长期的经验知识与项目所在地的精神与文化相结合，以便更好地服务客户。

安德鲁·伯曼建筑师事务所 （ANDREW BERMAN ARCHITECT）

安德鲁·伯曼建筑师事务所专注于实现独特而又精细化的空间，并在设计工作中因地制宜，致力于实现客户的愿望与要求。面对纽约市城市结构密集所带来的各种限制，安德鲁·伯曼建筑师事务所利用能够创造最大价值的设计手段，依旧设计出了优雅且开阔的建筑空间，他们认为，通过自然光线、精心挑选的景观以及合适的建筑材料这几个元素作为媒介，用户才能够更好地与工作场所的氛围相融合。

事务所面对的客户类型多种多样，有私人客户、企业客户以及政府机构，为客户所提供的设计服务也涵盖多个方面。事务所在设计领域的兴趣与经验使其得以在每一个项目当中都可以与用户和睦相处，紧密沟通，通过利用以往设计和建设方面的丰富经验，以独特的方式来完成各个项目。安德鲁·伯曼本人是事务所的首席建筑师，此外，还有 10 名建筑师在该事务所任职，这 10 名建筑师设计经验丰富且能力出众，可以胜任各种设计任务。

安德鲁·伯曼建筑师事务所创办于 1995 年，曾在以下项目的设计建造中发挥过重要作用：美国建筑师协会建筑中心（the Center for Architecture for American Institute of Architects）（2003 年）、贝尔波特图书馆（Bellport Library）（2008 年）、纽约市消防局消防分队第 259 号消防站（FDNY Engine Company 259 Firehouse）（2009 年）和美国现代艺术博物馆 PS1 馆的入口建筑（MoMA PS1 Entrance Building）（2011 年）。因其在以上项目中的出色表现，事务所也渐渐获得了业界一致的认可。2010 年，安德鲁·伯曼建筑师事务所获得了由纽约建筑联盟（The Architectural League of New York）颁发的新兴之声奖（Emerging Voice Award）。事务所目前受纽约市设计与建造局设计与建造卓越计划委托

建筑师安德鲁·伯曼

美国现代艺术博物馆 PS1 馆入口

在建的公共项目包括：纽约市公共图书馆斯台普顿分馆、针对雕塑中心（Sculpture Center）的扩建和翻新、美国现代艺术博物馆 PS1 馆展厅的翻新以及为 MCC 剧院新建一个拥有两个舞台的表演场所。事务所目前受私人委托在建的项目包括：为几位艺术家设计他们的工作室、为位于曼哈顿市中心的一处住宅阁楼进行室内设计以及为位于缅因州的一处住宅进行设计。

>> 阿特里尔·帕格纳门塔·托利亚尼建筑设计工作室（ATELIER PAGNAMENTA TORRIANI）

A.E. 史密斯高中校园图书馆

中央公园东高中校园图书馆

阿特里尔·帕格纳门塔·托利亚尼建筑设计工作室成立于 1992 年，由安娜·托利亚尼和洛伦佐·帕格纳门塔共同创立。

阿特里尔·帕格纳门塔·托利亚尼建筑设计工作室就像一个实验室，在这里，设计师们研究建筑、艺术、新的技术、材料和创意，并反复进行试验和应用。

工作室在项目过程中会特别考虑被动式建筑节能技术和可持续材料的使用。例如采用可控自然光线和低能耗降温的被动式建筑节能技术和使用高效照明以及利用回收的建筑部件来进行二次设计的可持续设计手段就经常被他们用在项目当中。

工作室致力于通过建筑作品来诠释历史、文化以及不同建筑类型，在每一个项目过程中，他们都会研究建筑所处的语境，当地材料的特征以及建造施工方法，以确保最终作品能够与周边环境产生真切的关联。

阿特里尔·帕格纳门塔·托利亚尼建筑设计工作室深深地相信，一个充满了创意和灵感的环境除了能够给居住者提供令人愉悦的居住空间之外，还能让他们产生自豪感。

》贝尔蒙特·弗里曼建筑师事务所（BELMONT FREEMAN ARCHITECTS)

贝尔蒙特·弗里曼建筑师事务所是一家屡获殊荣的设计公司，为一些机构、市政部门以及商业和私人住宅提供建筑服务。该事务所因为其具有创新性的设计、高度个性化的服务以及为最复杂的建造和修复项目提供高效的管理而享有盛誉。事务所已经获得了无数奖项，他们的作品也已经在全球设计类出版物上被广泛报道。事务所成立于1986年，总部设在纽约市，工作范围覆盖了北美、欧洲和亚洲。

贝尔蒙特·弗里曼建筑师事务所提供完整的建筑服务，从项目总体计划和设计方案规划到计算机可视化，施工管理和室内设计，都在他们的服务范围之内。事务所还通过凭借其经验丰富的下属顾问团队的协助来为客户提供建筑、机械、电气和景观设计等方面的服务。

事务所依靠其严谨的分析来理清复杂的功能、技术和环境问题，依靠其先进的设计来让他们在多个领域内的智慧产生效用，两者的结合给事务所带来了蓬勃的发展。贝尔蒙特·弗里曼建筑师事务所尽量避免过于狭窄的专业实践，更乐意在他们所经手的各种类型的项目中寻求多领域的融合。

每进入到一个新的项目，贝尔蒙特·弗里曼建筑师事务所都会组建一个由建筑师、设计师和顾问工程师组成的团队，并让这些人对从

场地评估、方案设计到图纸绘制及施工建造的整个过程负责。只有这样才能保证项目各阶段的一致性、连贯性，与客户联络的通畅性和员工工作的稳定性。而这些对于生产出高质量的建筑作品来说，都是至关重要的因素。事务所并不大，因此，负责人、高级管理人员和员工之间可以进行频繁的沟通，这是事务所的工作常态，也是其维持高效运行的关键所在。

齐尔卡展览馆

柯瓦雷斯基住宅

>> 贝伊罕 · 卡拉汉联合建筑师事务所 (BEYHAN KARAHAN & ASSOCIATES，ARCHITECTS)

贝伊罕·卡拉汉联合建筑师事务所的办公室

贝伊罕·卡拉汉联合建筑师事务所成立于1997年，作为事务所的创始人和负责人，贝伊罕·卡拉汉女士是公司的领导者，也是公司的项目负责人。

卡拉汉女士是一名执业建筑师，也是一位老师。她是纽约理工学院建筑与设计学院的建筑学教授。她还是美国建筑师协会、绿色建筑委员会的会员，并在纽约州艺术委员会的建筑规划与设计小组任职。在成立贝伊罕·卡拉汉联合建筑师事务所之前，卡拉汉女士于1984—1997年间在卡拉汉/舒瓦汀建筑公司担任合伙创始人。自20世纪八十年代早期以来，她就满怀热情地认识到建筑师这个角色在公共领域的重要性，并在纽约市完成了城市空间、公园和公共建筑设计等众多项目。卡拉汉女士于1974年获得了位于土耳其安卡拉市的中东技术大学和纽约州立大学石溪分校的数学学士学位，于1977年获得了哥伦比亚大学研究生院建筑规划与保护专业的建筑学硕士学位。

除了拥有公共建筑项目设计的经验之外，贝伊罕·卡拉汉已经完成了一系列重大的学术项目，以及大量位于纽约大都会地区的高端私人住宅项目。

贝伊罕·卡拉汉联合建筑师事务所获得了由美国建筑师协会颁发的2008年美国纽约州大型住宅项目优秀奖；2005年由美国建筑师协会纽约分会颁发的住房设计奖；2002年由纽约州历史建筑保护联盟颁发的优秀奖以及1998年由纽约市艺术委员会颁发的设计类特殊贡献奖。事务所的设计作品已经被一些展览馆展出，并在美国和欧洲的出版物上发表。

巧克力工厂的庭院

》 BKSK 建筑师事务所（BKSK ARCHITECTS）

BKSK 建筑师事务所成立于 1985 年，是一家以纽约作为主要工作地点的建筑设计事务所，专门从事将社会、环境和生态因素考虑在内的建筑设计。事务所的业务范围广泛，主导过很多获得了各种奖项的文化、市政、教育、礼俗和住宅项目。事务所设计的个人项目已获得 40 多个设计奖项，其中包括 2008 年为了表彰其开创了一个新的多户家庭住宅发展模式，由美国建筑师协会颁发的国家住房奖；2008 年由美国建筑师协会环境委员会（COTE）因为他们设计的一个获得了 LEED 白金认证的游客中心而颁发的奖项，还有因为他们设计的传统住宅建筑而颁发的两个帕拉第奥奖。

BKSK 建筑师事务所的办公室

BKSK 建筑师事务所由六名合作伙伴共同主导，他们分别是琼·克雷夫林（Joan Krevlin）、乔治·西菲德克（George Schieferdecker）、哈里·肯德尔（Harry Kendall）、斯蒂芬·贝恩斯（Stephen Byrns）、朱莉·尼尔森（Julie Nelson）和托德·泊松（Todd Poisson）。事务所的风格特征是建立在合作伙伴之间长期而强大的思想和信息交流的基础之上的。与之相应的，事务所在与客户和顾问的互动当中也有一个共识驱动的过程，这样能够让大家产生协作感，觉得是在共同达成一个目标。事务所在进行设计的时候，会考虑设计对象的用途和功能，从而在形式和空间设计上对其进行匹配，这样做的结果就是，他们所设计的一系列建筑和空间都十分和谐地与社区环境相融。

该事务所一直身处可持续建筑运动的前

王后植物园

沿，值得注意的是，BKSK 建筑师事务所设计了纽约市第一个市政建筑，且获得了 LEED 白金认证。还运用创新的水管理策略解决了一个易发生水灾的城市机构总部的选址问题。在这两个项目当中，自然力量都被拿来当作设计元素，建筑物本身成为整个生态环境的一部分。这样做，能够使建筑增强人们对环境的认识，强调与自然世界建立联系的定性体验。

》卡普莱斯·杰佛逊建筑师事务所 (CAPLES JEFFERSON ARCHITECTS)

卡普莱斯·杰佛逊建筑师事务所是纽约市一家获奖无数的建筑设计公司，由萨拉·卡普莱斯（Sara Caples）和埃弗拉多·杰佛逊（Eaverardo Jefferson）于1987年创立。事务所致力于提升建筑和社区的可持续性与文化内涵，目前已经完成了许多重要的项目，比如皇后公园剧院和维克维尔文化遗产中心。事务所提供总体规划、城市设计、研究与策划以及建筑和室内设计服务，它已经为国内外的政府、企业、教育、文化和私人客户完成了100多个

马库斯·加维社区中心鸟瞰图

萨拉·卡普莱斯和埃弗拉多·杰佛逊

项目。该事务所于2012年荣获美国建筑师协会颁发的纽约州年度最佳公司称号。

埃弗拉多·杰佛逊是美国建筑师协会会员，他所设计的建筑作品为纽约市乃至整个美国都做出了重大贡献，其中许多都被纳入了当代建筑的国家展览。他为新的维克维尔文化遗产中心所做的设计受到了纽约市艺术委员会、布鲁克林地区和全国民众的欢迎。维克维尔文化遗产中心的设计过程要求探索能够引起共鸣的非洲建筑形式，同时也要顾及对非裔美国人文化体验的敏感认知。杰佛逊先生被诸多媒体报道过，也获得过美国少数民族建筑师组织（NOMA）和美国建筑师协会颁发的多项殊荣，其中还包括一项国家荣誉。他获得了纽约建筑联盟颁发的"新兴之声"奖。

萨拉·卡普莱斯也是美国建筑师协会会员，在她的职业生涯中，一直致力于在公共领域创建积极的市民空间，她所创造的这些建筑通过一种令人愉悦的方式来运用形态、运动、光线和色彩，拓宽了现代建筑的文化架构。卡普莱斯同时作为一个老师，一直在大学、事务所以及美国建筑师协会里，和来自纽约、全国甚至世界各地的年轻建筑师们分享她自己的知识。以她的协同设计过程作为出发点，萨拉·卡普莱斯一直在持续不断地分享她对于创意性工作的热情，用丰富的概念，稳定的流程，精心组合的空间、光线和色彩来回应客户深层次的需求。

》克里斯托夫：菲希欧建筑事务所（CHRISTOFF：FINIO ARCHITECTURE）

克里斯托夫：菲希欧建筑事务所（C：FA）是一家位于纽约的建筑设计工作室，在与其具有远见卓识的客户和咨询顾问持续不断的合作当中，事务所对许多领域都产生了浓厚兴趣。

随着事务所日益的发展，对于"建筑到底能够做什么"这个问题的疑惑也一直在增加，每经手一个项目，事务所对于这个问题就会收获一些新的重要发现，或者是带来对这个问题的反复思考，直至明朗。

克里斯托夫：菲希欧建筑事务所热切关注与他们设计的建筑息息相关的人，关注形式、技术、工艺和材料是如何影响他们的生活的。事务所对于建筑如何表达自身这个问题十分感兴趣，建筑是如何在时间和空间里让人意识到其身处何地的？又是如何帮助人成长的？

事务所的工作是通过创意来驱动的，关于制作的创意，最大限度地将时间和精力用于创造建筑之上，以精确而明晰，优雅而克制的外在形式来表达创意。

事务所努力让建筑物和环境创造意义，要在其工作中使建筑和文化之间产生关联，以此来帮助塑造公共的和私人的记忆空间。他们投入了极大的热情和兴趣去探索根植于材料表达和理性严谨的当代建筑语言。

事务所由泰伦·克里斯托夫（Taryn Christoff）和马丁·菲希欧（Martin Finio）领导，共有成员八人。他们所经手的各个不同的项目因为他们对环境、文化和表现目标的响应而达成了统一。事务所用极高的创新敏锐性来处理每一个项目，从概念阶段一直到最后完工，整个过程都充满了活力和互动性。从建筑设计到家具设计，再到与艺术家的合作，设计会被随时调整以便在所有规模尺度上都能够有最优的表现。

马车车库，位于曼哈顿

马车车库外部景观

➤➤ 达特纳建筑师事务所（DATTNER ARCHITECTS）

达特纳建筑师事务所的办公室

达特纳建筑师事务所致力于通过他们的设计，来提升公民建筑的品质，改善和维护社区以及城市环境。他们的业务涵盖内容广泛，包括为公共机构、非营利团体和企业客户、教育和文化机构做总体规划和建筑设计、历史性建筑保护和适应性再利用以及室内设计。达特纳建筑师事务所的工作目标是在可用资源范围内创造建筑，实现客户的最高愿望，同时承担共同的社会责任。他们认为每个独立的项目都有一个与之相应的大环境，他们致力于在他们的工作中找到项目与环境之间的关联性。

事务所长期致力于可持续设计，将被动式低技术解决方案与更复杂的主动系统、分析和控制相结合。客户委托的每一个新的项目对于事务所来说都是一次机会，可以超越传统的可持续标准，革新能够让建筑流程、场地和预算变得更高效的方法。达特纳建筑师事务所签署了美国建筑师协会倡议的承诺：到 2030 年，实现基准能源和温室气体的减排。

达特纳建筑师事务所作为一家可以处理复杂项目的事务所，在世界上有着很高的声誉。事务所的 80 名员工，用凡事亲身实践的方法塑造了事务所的工作特征，无论规模大小的项目都用始终如一的高质量的服务、设计和严谨的技术去对待。

达特纳建筑师事务所至今获得了 100 多个设计奖项。这其中较为著名的奖项包括一项美国总务管理局设计奖（GSA Design Award），一项由美国环境保护署颁发的纽约市绿色建筑奖，一项由纽约州美国建筑师协会颁发的荣誉勋章和卓越设计奖，以及由纽约市公共设计委员会颁发的几个奖项。

》 迪恩 / 沃尔夫建筑师事务所（DEAN/WOLF ARCHITECTS）

总部位于纽约市的迪恩 / 沃尔夫建筑师事务所最为人称道的地方就在于他们拥有令人不可思议的能力，可以将建筑的诸多限制条件转而变为形式上的强大优势。自 1991 年事务所创立至今，建筑师凯瑟琳·迪恩（Kathryn Dean）和查尔斯·沃尔夫（Charles Wolf）已经完成了各种规模的住宅和机构项目。这些项目的卓越之处在于设计师对光和空间的处理方式引人深思。事务所获过奖的那些项目作品都是使用各种感性材料如混凝土、钢材、木材和玻璃精心制作而成的奇迹，设计师通过刻意聚焦的光线来激活这些高共振材料，以消解内部和外部空间的边界。对于他们来说，这不仅需要对物理空间进行考虑，还需要考虑居住在这些空间之内的客户的心理因素。

受到做出优秀设计的目标驱动，凯瑟琳·迪恩、查尔斯·沃尔夫及其合伙人克里斯托夫·克罗纳（Christopher Kroner）一起带领了一个由建筑师和设计师组成的动态团队，这个团队会专心地感知每一个场所内在蕴含的能量，并以此来作为决定设计方向的依据。利用每个独特的空间场所的潜力，设想并实现富有戏剧性的空间使用模式，是这个事务所最为人

迪恩 / 沃尔夫建筑师事务所的成员

所知的特点。事务所致力于结合最新的技术发展，通过建造技术来实现他们对于建筑的探索和研究。合作伙伴们专注于教学和专业实践，在维持位于曼哈顿的事务所的日常工作之外，还在全国著名的大学里担任教授职务。除了在事务所主持设计工作外，凯瑟琳·迪恩还担任研究生课程指导，她目前是圣路易斯华盛顿大学的乔安妮·斯托拉罗夫·科特森建筑学教授（JoAnne Stolaroff Cotsen Professor）。

事务所屡获殊荣的职业生涯经常被包括《建筑实录》（《Architectural Record》）《建筑评论》（《Architectural Review》）和 GA 杂志在内的国际出版物报道，并获得了许多设计领域的荣誉。他们的作品多次获得美国建筑师协会的表彰，特别是 1998 年设计的螺旋房屋（Spiral House）和城市界面阁楼（Urban Interface Loft），2007 年设计的可操作边界花园排屋（Operable Boundary Townhouse Garden）以及 2011 年设计的旋转排屋（Implied Rotation Townhouse）和倒置仓库排屋（Inverted Warehouse / Townhouse）。他们设计的皇后医院第 50 号紧急医疗服务站于 2006 年被授予了美国注册建筑师协会设计奖，该作品又于 2007 年获得由纽约市艺术委员会颁发的优秀设计奖。事务所获得的更近一点的奖项包括：2011 年因为带有数控制造楼梯的联排别墅的翻新设计项目而获得的《建筑师》（《Architect Magazine》）杂志颁发的 R+D 奖；目前正在建设中的为独立家庭住宅所做的名为"短暂边缘"的设计于 2012 年被《建筑师》杂志授予先进建筑荣誉。

>> 恩尼德建筑师事务所（ENNEAD ARCHITECTS）

恩尼德建筑师事务所因为其卓越的建筑作品而蜚声国际。他们的项目作品已广泛发表，并获得无数设计类奖项，其中包括国家级、州级和地方级的美国建筑师协会所颁发的奖项。事务所设计的作品遍及各地，包含各种类型和规模，业务范围涵盖新建筑的设计与建造，旧有建筑的翻新和扩建、历史性建筑的保护，以及室内设计和总体规划设计。事务所服务的客户主要是文化、教育、科学和政府机构。

恩尼德建筑师事务所的前身是波尔舍克合作事务所（Polshek Partnership），在经历了三十多年在组织结构和设计领导层的转型之后，于 2010 年 6 月正式变更为恩尼德建筑师事务所。事务所的新名字体现了其注重协作和创新的文化特质，事务所的工作人员拥有智慧、能量、灵活性和创造力，这些优秀的品质推动着事务所不断向前发展。事务所共有 11 名合作伙伴，他们分别是约瑟夫·弗莱舍（Joseph Fleischer）、蒂莫西·哈同（Timothy Hartung）、邓肯·哈扎德（Duncan Hazard）、盖·麦克斯威尔（Guy Maxwell）、凯文·麦克勒坎（Kevin McClurkan）、理查德·奥尔科特（Richard Olcott）、苏珊·罗德里格斯（Susan Rodriguez）、托马斯·罗森特（Tomas Rossant）、托德·施利曼（Todd Schliemann）、唐·魏因赖希（Don Weinreich）和托马斯·王（Thomas Wong），他们共同对事务所的日常运作和未来发展负责。

事务所设计的建筑真实地传达了文化、教育、科学和政府机构客户的委托，在满足了客户要求的同时还考虑到了建筑所处的环境条件，实现了建筑对所处特殊环境的呼应，不仅在技术和艺术上都有出色的表现，还为丰富社区文化生活，强化社区联系做出了显著贡献。恩尼德建筑师事务所的协同设计植根于广泛的研究，对环境背景、项目流程、公共形象、新兴技术进行分析，并坚持寻找可持续的解决方案。

弗兰克·西纳特拉艺术学校

威廉·J·克林顿总统中心及公园

美国自然历史博物馆，罗丝地球环境科学中心

>> 弗雷德里克·施瓦茨建筑师事务所（FREDERIC SCHWARTZ ARCHITECTS）

世界贸易中心的总体规划，曼哈顿

弗雷德里克·施瓦茨建筑师事务所（FSA）成立于1985年，是获奖无数的国际知名设计公司，通过在美国、印度、中国和非洲等地开展的建筑设计和规划设计项目积累了丰富的经验。其设计作品涵盖了所有的类型和规模，以可持续设计专业技术支撑下的大胆创意和创新而著称。事务所凭借其卓越的设计已获得由美国建筑师协会颁发的27个奖项，并在国内外的重大设计赛事中赢得了17个奖项。

事务所在美国本土和国外的许多地方都有客户，主要包括一些大城市、国家和企业用户，如纽约、上海和圣地亚哥；美国、印度、新加坡、德国、法国、科威特和加纳；以及耐克、德驰、诺尔和MTV等公司。作为国际设计比赛的获胜者，事务所最近分别在印度的金奈、果阿和巴罗达完成了三个主要机场的总体规划和建筑设计。从住房到机场航站楼，从总体规划到综合性

建筑，事务所在每一个项目上所取得的成功都依赖于它在时间和预算范围内做出令人惊叹的设计的能力。

事务所负责人弗雷德里克·施瓦茨（Frederic Schwartz）被《纽约时报》称赞为在后"9.11"时代改变了纽约市规划进程的人，并将其描述为"敢于让这个城市重新思考的人"。该事务所随后以"思考"团队（THINK team）创立者和领导者的身份，为曼哈顿下城发展公司做了世界贸易中心占地面积达1000万平方英尺的交通、零售和文化建筑设施总体规划方案，并获得了入围资格。

弗雷德里克·施瓦茨建筑师事务所有高级副主管亨利·罗尔曼（Henry Rollmann）和道格拉斯·罗明斯（Douglas Romines）以及副主管杰西卡·亚姆罗兹（Jessica Jamroz）、海尔格·福尔曼（Helge Fuhrmann）和冷哲平（Tza-Ping Leng）。事务所依靠他们在建筑设计上的天赋与才华而蓬勃发展。弗雷德里克·施瓦茨（Frederic Schwartz）是美国建筑师协会会员，他在公共领域所做的工作为他赢得了许多奖项，这其中包括由美国建筑师协会纽约分会颁发的哈里·B·路特金斯奖（Harry B. Rutkins Award），以表彰他"将实现优质设计的价值作为一种手段，来为公共领域的客户争取社会公平……以及一以贯之地用建筑作品来倡导优秀的设计，并用极具创造性的智能设计解决方案来为所有人服务"。

加兰特建筑设计工作室 (THE GALANTE ARCHITECTURE STUDIO)

特德·加兰特

加兰特建筑设计工作室（TGAS）致力于通过实践去探索建筑设计中所存在的问题。

工作室与纽约市设计与建造卓越计划签订了两个项目的设计合同，这两个项目分别是法尔茅斯娱乐中心以及位于马萨诸塞州的阿什比公共图书馆。两个项目都是从探索建筑的可能性入手，继而去逐步探索更为深入和宏大的规划、项目安排以及费用预算等问题。

加兰特建筑设计工作室位于马萨诸塞州的剑桥哈佛广场区的两层楼内。工作室的各项工作是以数字形式或实物形式来完成的，楼上是数字工作室以及干作业工作室，楼下有一个不断发展改进着的工作室。建筑原型在楼下被制作出来，然后被带到楼上，将其导入计算机中，对计算机模型进行推演并研究其结果，然后反过来以计算机模型作为基础来制作物理模型，直至最终获得精确的建筑原型。

加兰特建筑设计工作室自从 1998 年获得由纽约建筑联盟颁发的青年建筑师奖开始，一路走来，获奖无数，工作室曾被刊登在美国著名建筑杂志《建筑》(《Architecture》)、《建筑实录》以及美国新型家居杂志《Dwell》等刊物上，在维多利亚·巴拉德·贝尔（Victoria Ballard Bell）所著的《建筑设计的材料表达》(Materials for Design) 一书中也曾被提及。工作室的客户大多是一些大型的机构和组织，像美国国家铁路客运公司、波士顿市政府、纽约市政府、哈佛大学等，这些客户都希望他们的项目不要成为外界关注的焦点，因此工作室在一些出版机会和奖励制竞争条目上都受到了相应的限制，但工作室尊重客户的选择，并紧紧围绕这一点展开工作。

在未来，工作室希望能扩大项目的规模并增加其复杂性，加深对建筑设计的探索，延长在工作室里的工作时间。

>> 加里森建筑师事务所（GARRISON ARCHITECTS）

美国边境巡逻站，位于加州慕里埃塔

美国领事官邸，位于西萨摩亚首都阿皮亚

加里森建筑师事务所位于布鲁克林的邓波区，事务所在设计建筑之前都会做广泛的研究，这些研究对当前的经济、文化、科技和环境方面的挑战做出了应对。

事务所将这种研究方法与高度完善的现代主义美学理论相结合，并同大量的设计师、工程师和制造商合作，在工业化建筑流程和可持续设计方面取得了真正的创新成果。

加里森建筑师事务所成立于 1991 年，是一家提供高度人性化服务的中小型事务所。该事务所拥有极为广泛的项目经验，所从事的设计服务包括城市设计与规划、室内设计、产品设计、可行性分析、模块结构设计以及提供 LEED 认证服务。事务所采用协同设计方法，旨在将建筑形式和材料与被动式环境技术相结合，这种方法大大延长了建筑物的使用寿命，从而减少了能源消耗。

》》格雷姆肖建筑师事务所（GRIMSHAW ARCHITECTS）

尼古拉斯·格雷姆肖先生于 1980 年创办了格雷姆肖建筑师事务所。该事务所于 2007 年成为合伙企业，在全球范围内运转，并在纽约、伦敦、墨尔本、悉尼、多哈等地设有办事处。

格雷姆肖建筑师事务所的国际性作品涵盖了所有的行业，并获得了包括由英国皇家建筑师协会主办的莱伯金奖（Lubetkin Prize）在内的150 多个国际设计类奖项。

事务所致力于最深层次地参与到建筑物的设计当中，以打造出符合纽约城市设计与建造卓越计划最高标准的优秀项目。事务所的作品以人性化、持久性和可持续设计作为总体原则，具有强大的概念性、创新性和严谨的细节处理方式。

事务所的设计作品是对当今世界的需求和资源状况的一种理解与回应，他们所创造的建筑来源于设计师们对于以下问题的细致理解：它们必须满足什么样的功能？它们需要提供什么样的环境？以及它们需要用到什么样的材料？这种理解在建筑当中直接被转化成了建筑的形式与细节。

格雷姆肖建筑师事务所的最终目的是设计出能够发挥实效的建筑，能够给人以激励并为社区环境带来良性改变。通过仔细评估与建筑相关的环境、文化等因素以及相关的机会，总能激发出各种创意，最终转化为不同寻常的、具有挑战性的和独特性的设计作品。格雷姆肖建筑师事务所的所有作品，从建筑到规划再到工业设计，都以易于辨认、识别度高作为其特征。他们的设计总是具有很强的创新性，经常让人大吃一惊，却又总是能够精准地达到客户的要求。

格雷姆肖建筑师事务所通过每一个项目的实施来学习和理解如何创造形式与空间，学习服务的流程，学习如何读懂客户以及学习如何在提供舒适与健康的环境的同时最大限度地减少能源的消耗。事务所一直在不断地开发新的元素，探索新的材料使用方法，并发展创新性的环境效应。事务所的目标是谨慎使用地球资源，寻求最佳的解决方案来创造兼具功能性、经济性和美观性的建成环境。

实验媒体与表演艺术中心是技术和艺术创新的纽带，它优化了表演空间，在这里，人们通过声音、动作和光线来探索科技与艺术的相互交融

伊甸园项目的第二个发展阶段是指"生物群落"，这是一系列由八个相互连接的网格状透明半球形建筑组成的建筑群落。这个建筑群落环绕着 2.2 公顷土地，将广阔潮湿的热带地区和温暖宜人的温带地区囊括在内

格鲁森·萨姆顿建筑师事务所 [GRUZEN SAMTON ARCHITECTS (JOINED IBI GROUP)]

在 2009 年 5 月，格鲁森·萨姆顿建筑事务所加入了 IBI 集团，IBI 集团是一个有着多学科交叉背景的跨领域咨询公司，他们主要在四个核心领域提供咨询服务，分别是城市用地、建筑设施、交通网络和系统技术。IBI 集团成立于 1974 年，最初是合伙企业，目前一共拥有 2400 多名员工，分布于北美、欧洲、中东和亚洲等地的 60 多个办事处，公司提供全面专业的服务来应对 21 世纪的挑战。

事务所的规划作品和设计作品屡获殊荣，这些作品包括满足了各个市场领域广泛需求的规模大小不一的新建建筑和建筑翻新项目。这些领域涵盖艺术与文化设施、政府民生机构、办公楼和

企业用房、居民住宅（市场价格的住宅、廉价住宅以及高档住宅）、中小学和大学、交通设施、城市与规划。IBI 集团很早就认识到将四大核心领域整合起来，从而确保能够以一种整体的、全面的方法来为他们的公共客户和私人客户创造出具有创新性和符合需求的解决方案。在实践过程中，四个领域的相互协作使事务所得以有效地解决环境可持续发展方面的复杂性问题。IBI 集团正在积极地塑造着这个城市的未来形态。

而协同合作则是他们成功的关键。IBI 集团各办公室齐心协力，以"虚拟工作室"的方式在全球运转，他们利用包括视频会议、内网门户和计算机网络在内的各种协作方式，使团队成员在任何地点都能取得有效沟通。这一系统使事务所能为每个项目提供最优质、最合适的设计师人选，并全天候地使用所有资源。IBI 集团是一家通过了 ISO 9001：2000 认证的公司，并且已经将完善的质量管理机制应用到了公司的日常制度当中，这些制度适用于所有技术门类的可交付成果和管理流程。

康奈尔大学，人类生态学大楼，拍摄者：保罗·沃彻

皇家港客运码头

》》基斯 + 卡斯卡特建筑事务所（KISS+ CATHCART）

太阳能二号环境中心，位于史蒂文森海湾公园

史迪威大道 MTA 终点站

基斯 + 卡斯卡特建筑事务所是一家能力全面且不断进取的建筑事务所，该事务所已经完成了一系列符合经济、生态以及设计方面高标准的建筑项目。其设计作品不断地探索潜在的可持续设计方法与技术，以满足用户对于建筑在使用上、价值上和舒适度上的长期需求。

自 1983 年成立以来，基斯 + 卡斯卡特建筑事务所就一直在项目实践中运用这种可持续的设计方法和技术，从重大的市民基础设施到高科技制造设施再到学校、商店和家庭住房，这一方法已成功在各种类型的项目实践中被采用。基斯 + 卡斯卡特建筑事务所的这一做法开拓了新的建造技术，那就是构建光伏一体化建筑（BIPV），结构隔热板（SIPS）以及农业一体化建筑，这样能够同时兼顾环境和经济上的要求。

事务所发现项目潜力的能力以及从任何廉价的、具有挑战性的项目中发现最大价值的娴熟技巧一直为外界所认同，事务所获得过许多国际性奖项，经常被邀请去各地做演讲，也获得过许多研究基金的资助，事务所的设计作品还刊登在包括《建筑实录》《纽约时报》《连线》（《Wired》）和《Dwell》在内的多种出版物上。

≫ 利塞建筑事务所 (LEESER ARCHITECTURE)

托马斯·利塞和他的建筑师团队

自 1989 年以来，作为利塞建筑事务所的负责人，托马斯·利塞就因为其颇具影响力的创新设计而在世界范围内获得了广泛的赞誉。他把自己对使用新兴科技和激进设计来挑战传统建筑概念的兴趣融合在当代文化、社会和科技环境当中，创造出了一系列丰富的建筑空间、新的流程关系以及极简的组织结构。

利塞建筑事务所获奖无数，其中包括 2013 年获得的国际知名的红点设计奖、2010 年及 2011 年连续两年获得的由纽约市公共设计委员会颁发的奖项。利塞建筑事务所因为善于创造极富创意且前沿尖端的建筑设计解决方案而在国际上享誉盛名，广受欢迎。

纽约市的"三腿狗"艺术与科技中心（The 3 Legged Dog Art & Technology Center），有着大规模的前沿产品以及多媒体表演和艺术作品。用纽约时报上的评价来说，就是代表着"一种更为有机的方式，来使艺术成为市中心重建的一个部分"。

当前最能够体现出事务所设计能力的在建项目是位于布鲁克林区的新艺术与教育中心；布鲁克林音乐学院文化区；以及一个位于泰国的，占地面积达 270 万平方英尺的混合功能社区，该社区被定位成亚洲领先的零售和娱乐中心；还有为阿拉伯联合酋长国阿布扎比的皇室所建的一个占地面积十万多平方英尺的三气候生物圈。

事务所为移动影像博物馆所做的设计无疑是彰显他们设计能力的另一个建筑典范，这一作品被华尔街日报誉为"近年来美国激进设计最好的样本"。

利塞建筑事务所在项目上所取得的成功是客户、设计团队与顾问团队之间积极密切合作、良好协同分工的结果。事务所十分注重与客户保持紧密联系，以便更好地发掘项目中所蕴含的机会，更深入地了解项目在设计和程序上所面临的挑战以及提出最符合客户需求的项目解决方案。

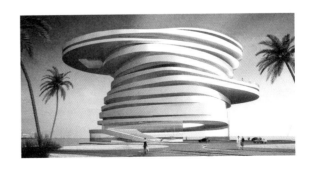

螺旋酒店，位于阿布扎比

≫ 马尔博 · 费尔班克斯建筑事务所（MARBLE FAIRBANKS）

斯科特·马尔博（Scott Marble）

凯伦·费尔班克斯（Karen Fairbanks）

马尔博·费尔班克斯建筑事务所是一个建筑、设计及研究公司，由斯科特·马尔博和凯伦·费尔班克斯在1990年创建。该公司所做的每一个极富创新性的设计都是建立在围绕项目的核心问题所做的研究和分析的基础之上的。在结合已完成的工作和仍在研究当中的工作的综合经验的基础上，马尔博·费尔班克斯建筑事务所以独特的方式处理每个项目，并寻找最为原初的解决方案。事务所与学术界保持着长期的联系与合作，这种方式激发出了一个充满创造性且高度协同的工作环境，在这个环境当中，理论与实践两者相辅相成。

事务所最近的工作主要集中在为一些公共和私人客户完成一些文化项目和院校项目，客户对象包括纽约公共图书馆、皇后图书馆、纽约现代艺术博物馆、普林斯顿大学、亨特学院、新学院大学、纽约大学和哥伦比亚大学。事务所的项目实践以研究作为基础，主要集中

在有关数字技术、整合设计和教育等前沿领域。

马尔博·费尔班克斯建筑事务所获得过许多地方级、国家级乃至世界级的设计奖项。该事务所因为哥伦比亚大学托尼·斯塔比尔学生中心的设计项目而获得了美国建筑师协会建筑荣誉奖（AIA Honor Award in Architecture），这是他们第十次在美国建筑师协会纽约分会获得该奖项。他们还曾受纽约现代艺术博物馆（MoMA）的委托，为一个名为"送货上门：建造现代住宅"（Home Delivery: Fabricating the Modern Dwelling）的展览做过一个探索性的项目设计。斯科特·马尔博和凯伦·费尔班克斯在弗吉尼亚大学担任过迈克尔·欧文·琼斯纪念讲师，以及在密歇根大学担任过伊姆斯夫妇纪念讲师。他们共同创作的书《马尔博·费尔班克斯：自力更生》（《Mavble Fairbanks: Bootstrapping》）就是在那期间出版的。马尔博·费尔班克斯建筑事务所的作品多次在国际上发表，并在包括伦敦建筑协会（Architectural Association in London）、日本奈良县立美术馆（the Nara Prefectural Museum of Art in Japan）和纽约现代艺术博物馆（Museum of Modern Art in New York）在内的世界各地的展厅和博物馆做过展出，他们的设计图稿还被纽约现代艺术博物馆永久性地收藏。

马尔博·费尔班克斯建筑事务所的办公室

玛匹莱若与波雷克建筑师事务所（MARPILLERO POLLAK ARCHITECTS）

玛匹莱若与波雷克建筑师事务所的多学科设计实践根植于他们对于合作伙伴、大跨度建筑、景观以及城市设计的敏感度和把控力，这些至关重要的素质使得他们能够挖掘出项目和场地所蕴含着的常人所不能发现的丰富潜力。事务所在美国和其他地方主导的获得过奖项的项目都因为极富技巧性而广受好评，他们对建筑的背景和语境进行了多维度的重新定义，不仅实现了具有创新性和技术性的设计解决方案，而且扩大了项目对其周围环境的有利影响。

桑德罗·玛匹莱若（Sandro Marpillero）和琳达·波雷克（Linda Pollak）是拥有建筑师执业资格的专业设计师，在建筑设计方面有着丰富的经验。他们的设计对象包括各院校、居民住宅以及商业建筑。两人自 1991 年开始合作，一开始是作为同事一起工作，后来合伙创办了玛匹莱若与波雷克建筑师事务所。桑德罗·玛匹莱若有着长达 20 年在美国和欧洲的工作经验，他广泛关注建筑、城市生活方式和艺术之间的

关系。琳达·波雷克能够为与城市景观相关的问题提供自己专业的、学术的经验，并致力于提高室内和室外空间关系的品质。

对于事务所来说，设计就是运用创造和设计创新，对世上现有的事物重新进行价值评估的一种方式。无论是内部环境还是外部环境，无论是建筑还是景观，无论是旧的还是新的，该事务所通过仔细研究，以前后两者之间互利互惠的方式为作品赋予意义、表达身份；通过将日常材料、场地状况和光线等元素融合到一种新的关系当中，来创造既能够灵活应对变化又能够展现空间个性特征的强烈的标志性景象。

玛匹莱若与波雷克建筑师事务所一直致力于设计创造具有转化性的环境，以提高社会、经济和生态的可持续性，同时让现有的环境条件实现价值最大化。事务所通过整合的手段来实现可持续的目标，塑造健康、积极的空间场所，在这些空间中，创新能源和雨水利用以及维护管理等方式都有助于延长建筑的生命。

▲ 琳达·波雷克（左）与桑德罗·玛匹莱若（右）

玛匹莱若与波雷克建筑师事务所做过的项目 ▶ 概览

》米奇埃里 + 怀茨纳建筑师事务所（MICHIELLI + WYETZNER ARCHITECTS）

弗兰克·米奇埃里（Frank Michielli）

迈克尔·怀茨纳（Michael Wyetzner）

米奇埃里 + 怀茨纳建筑师事务所是一家为客户提供全方位服务的设计公司，它的创立者为国内外的院校和企业客户所设计的当代建筑曾屡获殊荣。该事务所经手的建筑项目风格明确、外形清晰、施工讲究、用材创新。事务所所使用的设计方法兼具彻底性和完整性，能够很好地为一些要求复杂的建筑设施提供整合完备的解决方案。

米奇埃里 + 怀茨纳建筑师事务所创立于2004 年，事务所既有初创企业所特有的激情和充沛的精力，又有经验丰富的从业者所特有的纪律性和进退得宜的从容。凭借总共近 50 年的丰富经验，事务所对各种类型的建筑都颇为熟稔，能够做到反应快、效率高、创意多、资源广。多年跟踪项目进程的经验让事务所的设计师们养成了极高的设计敏感性，对于他们来说，就像考虑美学因素一样，建筑的可持续性、建筑寿命的长短、可施工性和运营成本也都是根植于设计过程中的考虑因素。事务所通过采用深入钻研客户所面临的问题，并对其条分缕析、各个击破的方式，来为项目提出解决方案，而最终的结果就是设计出灵活多样、技艺精湛、引人注目、能为客户服务多年的建筑。

事务所按照自身的设计方法来处理每一个项目，具体做法就是，分析客户的要求和场地条件，从中挖掘将对建筑的组织架构起决定性作用的特征。在这个过程中，事务所所做的，不仅仅只是解决问题，而是从体验的角度和触觉的维度去处理建筑，并将功能、形式和象征性作为一个统一的整体来加以解决。

米奇埃里 + 怀茨纳建筑师事务所的目标是发展出一套简单自然的问题解决方案，他们认为空间、结构及外部肌理都是和建筑系统相互依存且紧密结合的，通过对建筑各元素和组成部分的高水平的整合，最终呈现出的建筑形式就是对多个目标的综合实现。这样的解决方案是一种必然结果，其效果不言自明。事务所集结了高度协作的团队来解决问题，咨询顾问和专家从项目初始就参与进来，为项目提供有效的参考和帮助。整个团队就如一个天然的有机体，他们共同创造的成果不仅实用，还极富表现力。

≫ n 建筑师事务所 (nARCHITECTS)

艾瑞克·邦奇 (Eric Bunge)

黄米米 (Mimi Hoang)

n 建筑师事务所由美国建筑师协会的两名成员艾瑞克·邦奇和黄米米在 1999 年创立，是一家在国际上广受认可的新兴建筑师事务所。这家位于布鲁克林区的事务所强调用一种开放式的、有趣的方法来进行设计和协作，他们在深入阐述项目的过程中把清晰的概念与技术创新很好地结合在一起。面对身份各不相同的客户、层级结构各不相同的场地条件以及不同阶段的客户需求，他们条分缕析，并重新将这些复杂的条件再造为能够为他们所掌握的设计机会。他们对于环境的处理方式是敏感而又细致入微的——对机会非常敏感，但对陈旧的应对机会的方式却不屑一顾。

n 建筑师事务所把环境问题视为技术和社会问题，把简洁的设计作为首要目标，旨在提供兼具灵活性的丰富体验，通过概念和物质上的手段实现资源的最大化利用。

事务所目前正在进行的工作包括：位于布鲁克林区的威科夫故居博物馆，该项目获得了由美国建筑师协会颁发的纽约设计优秀奖；位于布法罗尼亚加拉医学校园的埃利科特公园；位于芝加哥海军码头的皮尔斯海角，这是由建筑设计师詹姆斯·科纳的 Field Operations 事务所主导设计的一个获奖项目；以及"我的微纽约"项目，该项目在曼哈顿设计了一个微型建筑单元，是纽约的一项开创性赛事 adAPT NYC 的获奖作品。

n 建筑师事务所近些年的工作主要集中在建筑、室内和公共空间设计领域，具体案例包括：位于黎巴嫩贝鲁特的 ABC Dbayeh 百货大楼；位于曼哈顿的"开关"大楼，该建筑获得了由美国建筑师协会颁发的建筑类型奖；纽约现代艺术博物馆 PS1 馆的竹制顶篷，该设计获得了由美国建筑师协会颁发的设计荣誉奖；位于台湾的森林凉亭，该设计获得了建筑师年度设计奖，以及新水城（New Aqueous City）的设计项目，该项目对未来的纽约抵抗风暴潮和海平面上升的方式做出了设想，该设计作品也是纽约现代艺术博物馆所举办的名为"上升的水流"展览的其中一个部分。n 建筑师事务所目前受雇于纽约市公园与娱乐管理局和纽约市设计与建造局，为他们的设计与建造卓越计划贡献着力量。

Joe-Kesrouani 大楼正面夜景景观

"开关"大楼正面景观

》 帕金斯 + 威尔建筑师事务所（PERKINS + WILL）

社区大学的大门

自 1935 年起，帕金斯 + 威尔建筑师事务所就在为世界上最具有前瞻性的客户不断地创造新颖的、屡获殊荣的设计。事务所团队包括建筑师、室内设计师、城市设计师、景观设计师、设计顾问和品牌环境专家，所有这些人从设计的方方面面入手，共同完成设计项目。帕金斯 + 威尔建筑师事务所现有 1500 名专业人员，分布在全球各地，其中获得 LEED-A 级认证的专业人员超过 1000 人，他们将高设计、功能特性和社会责任融合在一起，通过有针对性的、无障碍的和协作性的设计过程来有效地推进客户目标。

受到所参与的项目的启发，帕金斯 + 威尔建筑师事务所的设计遵循由内而外的方式，将深刻的人文主义方法与结果驱动的实用主义相结合，不断为用户创造有活力的空间。每个项目都是一个机会，通过这个机会可以重新构想该如何利用空间来加强社区、建成环境以及自然之间的联系，可持续的设计和环保建筑材料的使用是每一个项目开展的基础，这样做的结果是使设计变得

更具有革新性，能够帮助学生学得更好，帮助病人更快痊愈，帮助商业团队表现得更强，帮助城市居民拥有更有意义的日常生活。

帕金斯 + 威尔建筑师事务所在纽约的办公室是事务所在美国建立的首批办公室之一，它长期以来一直在东北及以外地区的设计、实际操作和环境管理领域起着引领的作用。这个业务多元化的办公室因为其在建筑、室内装修和项目规划以及品牌环境设计等方面的优势而在业内享有盛誉。许多客户都曾与帕金斯 + 威尔建筑师事务所纽约办公室合作过，客户有来自企业的，也有来自市政、医疗、高等教育、中小学及学前教育和科技等各个不同行业类别的。帕金斯 + 威尔建筑师事务所纽约办公室同时也是该事务所创新战略工作的中心，负责各项目实践的统筹规划。

帕金斯 + 威尔建筑师事务所的每一位工作人员都坚信设计的力量能给环境、经济和社会带来积极、长期的变化，并为未来塑造新的发展模式。

≫ PKSB 建筑师事务所 (PKSB ARCHITECTS)

PKSB 建筑师事务所是一家屡获殊荣，为客户提供全方位服务的公司，有着悠久的历史，做过各种规模的项目。PKSB 建筑师事务所已有40多年的实践经验，一直致力于创造建筑和室内空间，所服务的领域也一直在不断扩展，包括学术机构、建筑保护、组织机构用房、住宅、酒店、公共住房、基础设施、公共艺术、公民纪念碑和礼拜堂等。PKSB 建筑师事务所这些年的努力收获了众多地方级、州级以及国家级的设计奖项，其中包括著名的 P/A 奖和美国建筑师协会荣誉奖，事务所最近获得的奖项是 2010 年由美国建筑师协会颁发的建筑协会荣誉奖。

PKSB 建筑师事务所汇聚了精通各种技能的建筑师和设计师，在谢里达·保尔森（Sherida Paulsen）、威廉·法楼斯（William Fellows）和提姆·威齐格（Tim Witzig）三位负责人的带领下共同工作。事务所长期致力于建造卓越的建筑，并坚持人本价值观念的传达，这造就了他们与众不同的设计作品。

PKSB 建筑师事务所总部设在纽约，但他们

PKSB 建筑师事务所的几位主要负责人

的视野却并不局限于他们工作的地理范围。他们时刻恪守对现代设计的承诺——为满足客户和社区的需求而服务。事务所不断在发展，并依靠最直接的项目参与方式来产出最高质量的设计。他们沿用了最原始的工作室的方式，从建筑实践中汲取力量。每个项目都由一个团队来负责，团队成员包括项目负责人、项目架构师以及其他的工作人员，成员们在协作和探索的氛围中一起工作。PKSB 建筑师事务所在日益强大的艺术、建筑和科技相互融合的道路上从未停止过脚步。

三桥的大门，纽约市

杜菲广场，纽约市

普伦德加斯特·劳雷尔建筑师事务所 (PRENDERGAST LAUREL ARCHITECTS)

普伦德加斯特·劳雷尔建筑师事务所的成员

普伦德加斯特·劳雷尔建筑师事务所（曾经叫作戴维·W·加斯特设计师事务所，于2001年更名）一直专精于公共设计事业。在纽约工作了三十多年，该事务所完成了包括建设博物馆、图书馆、学校、办公室、消防站、医疗中心、餐厅、剧院、私人住宅、交通运输工程和娱乐中心在内的各项工程。为了响应这个充满活力的伟大城市的多样性，他们对各类空间进行精心的设计，以助益于整个公共环境。怀着对保存重要细节的热切关注，事务所重新规划了诸多历史建筑，在保留重要历史细节的同时融入形式和规划上的创新。

在该事务所的观念中，建筑是一种公共艺术，无论是像图书馆、学校一类的共享空间，还是大都市里的私人空间，它都拥有支撑和提高社区生活质量的潜力。同时，建筑也是一种协作艺术，伟大的作品背后总有许多的贡献者，事务所努力调动每个项目不同团队的专业知识，融合客户、承包商、工程师和社区代表的意见，共同完成设计作品。

事务所和纽约的很多公共机构都有着悠久的合作历史，包括纽约市设计与建造局、公园与娱乐管理局、学校建设管理局、纽约市立大学、纽约市消防局以及经济发展公司。事务所服务的非营利领域的客户包括纽约市公共图书馆、皇后区公共图书馆、灯塔（纽约市盲人协会）、社区卫生服务网络、纽约大学医疗中心和纽约市现代艺术博物馆PS1当代艺术中心。

事务所的设计作品曾被刊登在了包括《建筑实录》《室内设计》（《Interior Design》）和《纽约时报》在内的各大专业出版物和大众出版物上，其设计作品塞奇威克图书分馆（The Sedgwick Branch Library）还曾刊登在《建筑实录》1995年六月刊的封面上。介绍事务所作品的书籍包括有罗伯特·斯特恩（Robert A. M. Stern）的《纽约2000：从两百年到一千年的建筑和城市主义》（《New York 2000: Architecture and Urbanism from the Bicentennial to the Millennium》)、《美国建筑师协会纽约指南》（《the AIA Guide to New York City, and New York》）以及《纽约——近代建筑指南》（《New York–A Guide to Recent Architecture》)。

普伦德加斯特·劳雷尔建筑师事务所的作品因其设计的独特性而得到了纽约市设计委员会和美国建筑师协会的认可。

金斯布里奇图书馆分馆的外观夜景

》拉斐尔·维诺利建筑师事务所（RAFAEL VIÑOLY ARCHITECTS）

拉斐尔·维诺利建筑师事务所于 1983 年在纽约创立，自那时起，其遍布全球的建筑设计作品就不断为事务所赢得美誉。事务所的总部设立在纽约，在伦敦和阿布扎比均设有分部，在美国、南美洲、欧洲和中东还设有项目办公室。

事务所承接的业务范围十分广泛，设计对象涵盖了法院、博物馆、演艺中心、会议中心、运动机构、银行、酒店、医院、实验室、娱乐场所、住宅区和商业、工业、教育等行业的相关建筑与设施。项目规模的跨度也十分巨大，小至实验室的台柜设计，大至大城市商业及制度上的总体规划。事务所还完成过几个具有重要历史价值和建筑价值的建筑物修复与扩建项目。事务所的建筑作品多次获得各类奖项。

事务所由总负责人拉斐尔·维诺利领导，副总裁杰伊·巴格曼（Jay Bargmann）和各位合伙人以及项目主管共同协作管理。管理层中的许多人员已经在事务所工作了二十余年，拥有事务所先进、集中的资源，以及高度的奉献精神和渊博的知识。这种组织结构使得高水准的设计和相应的文档记录能够保持一致，使事务所能够将其长期以来快速提升设计和建造项目的成就保持下去，有序地组织安排世界各地的工作。

这家多学科交叉融合的大型事务所用他们在设计方面的天赋与能力，以最合适最具创新性的方式来达到项目的要求，在深入研究和评估的基础上提供各种各样的设计方案和技术方案。这些不断的创新与完善所导致的结果就是，最终的建筑成果常常超出客户的期待，给客户带来意外之喜。

拉斐尔·维诺利建筑师事务所的办公室

拉斐尔·维诺利

赖斯 + 利普卡建筑师事务所（RICE + LIPKA ARCHITECTS）

林恩·赖斯（左）与阿斯特丽德·利普卡（右）

赖斯 + 利普卡建筑师事务所办公室

赖斯 + 利普卡建筑师事务所是一家总部设立在纽约，拥有创新建筑平台的事务所，开展过一系列有关建筑、规划、艺术、展览和文化研究的项目。事务所在业内获得了广泛的认可，他们整合了新的建造技术与材料，为公众带来了既新颖又庄重的当代建筑作品。

事务所从多年的设计实践中发展出了一种迭代设计方法，善于创造性地解读项目的客观制约，挖掘项目中所蕴含的出人意料的潜力。事务所负责人林恩·赖斯（Lyn Rice）是世界上大型当代艺术博物馆之一——迪亚：比肯美术馆（Dia：Beacon）的设计负责人和建筑师。他和阿斯特丽德·利普卡（Astrid Lipka）共同带领事务所完成了一系列的设计工作，例如底特律现代美术馆（the Museum of Contemporary Art Detroit）、希拉 C. 约翰逊设计中心（纽约）（the Sheila C. Johnson Design Center）、鄂尔多斯100 项目：007 号别墅（中国）（Ordos 100：Villa 007）以及纽约公共图书馆（纽约）的多个项目。

赖斯 + 利普卡建筑师事务所自 2004 年成立以来，已获得九项由美国建筑师协会颁发的设计奖项，还获得了 2013 年的建筑评论未来项目奖（the Architectural Review Future Projects Award），2012 年的纽约公共设计委员会奖，2009 年由欧洲建筑艺术与设计中心和芝加哥雅典娜博物馆颁发的国际建筑奖（the International Architecture Award），以及 2008 年的纽约市艺术协会作品奖（New York Municipal Art Society Masterwork Award）等。赖斯 + 利普卡建筑师事务所的作品被刊登在多种出版物上，并在世界各地举办过展览，赖斯本人于 2002 年被评选为纽约建筑联盟的"新兴之声"（the Architectural League of New York's Emerging Voices），并被《建筑实录》杂志提名为 2003 年的设计先锋（the 2003 Design Vanguard）。

塞捷＋库姆建筑师事务所（SAGE + COOMBE ARCHITECTS）

塞捷＋库姆建筑师事务所一直以来都致力于提升公共建筑的品质和市民的生活水平。尽管设计进程常常会受到预算、时间以及意见纷杂等因素的干扰，但事务所在设计实践与建造工作中，始终秉承绿色环保的设计策略，在材料的选择上大胆创新，敢于突破。

事务所的客户包括纽约市设计与建造局、纽约市公园与娱乐管理局、野口勇博物馆、布朗克斯河艺术中心、纽约市消防局、纽约经济发展公司、大纽瓦克环境保护区、纽约公共图书馆和一系列特许学校、独立学校和高等教育机构。飓风桑迪过后，塞捷＋库姆建筑师事务所受到纽约市市长办公室、纽约市公园与娱乐管理局和纽约市设计与建造局的联合邀请，针对洛克威地区的受灾海滩进行了修复及重建工作。

2010 年，纽约市公共设计委员会因为塞捷＋库姆建筑师事务所设计的公共建造项目而创纪录地颁发了三个设计奖项，获奖的作品分别是布朗克斯河艺术中心、海风田径运动馆和海洋九号消防站。2012 年，纽约市公共设计委员会再次给事务所颁发了设计奖，这一次获奖的作品是河滨公园南部扩建的一系列建筑。布朗克斯河艺术中心还获得了由美国建筑师协会颁发的设计奖。

事务所内部景观

塞捷＋库姆建筑师事务所的办公室

塞尔多夫建筑师事务所（SELLDORF ARCHITECTS）

塞尔多夫建筑师事务所的作品因其对于建筑环境和建造程序的敏感和关注，认真细致的执行和作品的永恒性而享誉国际。事务所由安娜贝尔·塞尔多夫于1988年创办成立，主要承接各类公共和私人项目，在项目类别上，从博物馆、图书馆到可回收利用的建筑设施，丰富多样；在业务规模上涵盖新建筑的设计、历史性建筑物的内部修复以及展陈设计，大小不一。

事务所的客户包括新艺廊德奥艺术美术馆（the Neue Galerie New York）、斯特林和弗朗辛克拉克艺术学院（the Sterling and Francine Clark Art Institute）、布朗大学、纽约大学古代世界研究所（and New York University's Institute for the Study of the Ancient World）等文化机构和大学。另外，事务所还设计了豪瑟和沃斯展览馆（Hauser & Wirth）、格莱斯顿展览馆（Gladstone Gallery）、迈克尔·沃纳展览馆（Michael Werner）以及阿奎维拉展览馆（Acquavella Galleries）。其他的一些近期作品包括纽约的几所公寓，第一个获得LEED认证的商业艺术展厅——大卫·茨维尔纳展览馆（David Zwirner）以及一个新建的威尼斯现当代玻璃艺术博物馆。

美国建筑师协会会员安娜贝尔·塞尔多夫是塞尔多夫建筑师事务所的负责人。在德国出生长大的她拿到了普拉特学院（Pratt Institute）建筑学学士学位，而后又在意大利的佛罗伦萨拿到了雪城大学建筑学硕士学位。塞尔多夫女士是美国建筑师协会会员，同时也是纽约建筑联盟的理事会主席和齐纳提基金会的董事（Chinati Foundation）。

安娜贝尔·塞尔多夫

塞尔多夫建筑师事务所的办公室

≫ 森建筑师事务所 (SEN ARCHITECTS LLP)

罗宾·森　　　　拉希米·森

森建筑师事务所成立于 1986 年,是一所获得了众多设计类奖项的建筑和室内设计公司,无论服务的对象是个人、集团还是社区或者政府机构,事务所都致力于为所有客户提供优质服务。事务所将规划、设计和施工经验同其他领域的种种技能结合在一起,为客户提供一系列完整的建筑规划服务,服务内容包括历史性建筑的复原、修复和再利用;为新老商业建筑、住宅提供设计以及提供室内设计和空间规划服务。自 1986 年成立以来,森建筑师事务所已成功地完成了大量各式各样的项目。

森建筑师事务所对于包括房地产、监管要求、施工管理、市场营销、施工操作等建造过程各个方面的深刻理解,使得其在项目实施的过程中始终能够保持高效运作。事务所的工作不受到任何风格、任何教条的限制,其作品因为优秀的设计以及对空间和用户的深切关注而闻名。事务所懂得一个项目的实施要满足物理层面和用户心理层面的需求,捕捉空间和气候之间的微妙关系,探寻企业和机构的特点,并将这些要素最终反映在设计上。事务所一直坚持走环境友好型道路,已经完成了多项获得 LEED 认证的项目,不仅如此,事务所还热衷于旧建筑的保护和适应性的再利用,并将其视为一种可持续设计的方法。到目前为止,森建筑师事务所已经因其对纽约市设计与建造卓越计划的突出贡献而收获无数奖项,该公司的作品也已被众多杂志报道。

事务所最近获得的奖项包括:由纽约市艺术委员会颁发给新肯辛顿图书分馆项目的优秀设计奖;美国注册建筑师协会奖;以及由纽约市地标保存委员会颁发给中央车站复兴项目的一个奖项。森建筑师事务所的总部设在纽约市,它在纽约索尔特波因特的哈德逊河谷还设立了一个办公室。

建筑外观

➤➤ SOM 建筑室内及城市规划设计公司（SKIDMORE，OWINGS & MERRILL LLP）

SOM 建筑室内及城市规划设计公司于 1936 年成立，是全球建筑、室内设计、城市设计和规划、工程行业的领头羊之一。公司能够成熟运用建筑技巧，注重设计质量，从而造就了许许多多辉煌的作品，其中包括一些 20 世纪和 21 世纪最重要的建筑成就。

公司自成立之初，业务覆盖面就很广，小至建筑设计、私人房屋建设，大至整个社区的规划设计，都有涉猎。多年以来，公司在 50 多个国家里完成的项目数量已超 15000 个，项目类别包括城市设计、总体规划、工程建设和室内设计。

SOM 建筑室内及城市规划设计公司曾经负责过几个世界上最高的建筑物的设计和施工，包括世界上最高的建筑——迪拜哈利法塔（the Burj Khalifa in Dubai）和两座北美地区最高的建筑——109 层高的芝加哥西尔斯大厦（Sears Tower in Chicago）和纽约世界贸易中心一号大楼（One World Trade Center）。公司近期完成的项目和目前正在进行中的项目包括超高层商业大厦、政府项目、教育项目、医疗和科学项目、交通项目和总体规划项目。

公司共获得过 1600 多个设计奖项，其中包括两次由美国建筑师协会颁发的年度企业奖（Firm of the Year awards）。SOM 建筑室内及城市规划设计公司在纽约、芝加哥、旧金山、洛杉矶、杜勒斯、华盛顿、伦敦、香港、上海、孟买、卡塔尔和阿布扎比均设有办公室。

美国人口普查局总部，马里兰州，休特兰

纽约市第五大道 510 号的修复和适应性再利用项目

纽约市世界贸易中心七号大楼

》斯莱德建筑事务所（SLADE ARCHITECTURE）

詹姆斯·斯莱德（左）和海因斯·斯莱德（右）

斯莱德建筑事务所的办公室

斯莱德建筑事务所成立于 2002 年，一直致力于将工作重心放在不同规模、不同项目类型的建筑和设计上。事务所在持续不断地探索建筑所需要关注的主要问题的大框架下，针对每个项目都运用了独一无二的设计方法。

作为建筑师和设计师，事务所的成员们怀着对建筑内在本质的兴趣来工作：身体与空间、运动、尺度、时间、感知以及材料之间有什么关系，与形式又有怎样的交集？这些问题构成了他们对建筑进行持续探索的基础。

在这个基础上进行细分，针对具体项目背景进行创造性的调查，事务所对"项目背景"所作的定义非常广泛，包含了能够对特定项目造成影响的任何因素：总体计划、可持续性、预算、具体操作方式、文化、场地、技术、形象／品牌等。综合上述考量，来创造创新又实用的设计。

事务所已经完成了各种各样的国内外项目，他们的作品经由 200 多次的出版与发表以及在各类展览中的展出和获得各种奖项，在国际市场上受到了广泛的认可。其设计作品获得过建筑进步奖；一次由纽约市公共设计委员会颁发的公共建筑设计卓越奖；一次由美国建筑师协会颁发的国家小型项目奖（National AIA Small Project Award）、几次由美国建筑师协会颁发的其他奖项；几次由《室内设计杂志》评选的年度最佳奖以及多个年度商店奖（Store-of-the-Year）。斯莱德设计师事务所同时还获得过由纽约建筑联盟颁发的 2010 年"新兴之声"奖。

事务所的作品曾在威尼斯双年展（Venice Biennale）、华盛顿国家建筑博物馆（the National Building Museum）、现代艺术博物馆（the Museum of Modern Art）、德国建筑博物馆（The German Architecture Museum）以及欧洲、亚洲和美国许多其他的展厅和机构展出过。

≫ 史密斯·米勒＋霍金森建筑师事务所（SMITH-MILLER＋HAW-KINSON ARCHITECTS LLP)

史密斯－米勒＋霍金森建筑师事务所是纽约市一家集建筑设计、城市设计、装置与展览设计以及产品设计等业务为一体的设计工作室。在美国及世界各地，事务所设计了包括博物馆、公园、交通运输终端、表演艺术空间、私人住宅、政府设施、博物馆展陈和装置以及家具和物品在内的公共和私人项目。

事务所的设计灵感源自其对当代文化持续不断的研究，研究当代文化及其历史，当代文化与社会和现代创意之间复杂多变的关系。事务所的整个工作流程是具有变革性的，不仅重新诠释了基本的工作纲领，还调和了传统工艺与先进生产技术之间的关系。事务所就像是一个用于提出构想并使之成为现实，用于调查研究与实践的实验室，从最初的概念到最终的实现，调查研究与实践都始终是贯穿在所有项目当中的两条线。

史密斯－米勒＋霍金森建筑师事务所最近获得的奖项主要包括有2012年凭借迪伦公寓所获得的纽约州美国建筑师协会奖和2010年凭借马塞纳入境口岸所获得的美国总务管理局奖。此外，事务所还获得了美国建筑师协会纽约分会荣誉奖章，并凭借纽约公共图书馆项目获得了美国设计院卡农奖和美国艺术文学院为表彰优秀的艺术和建筑而设立的阿诺德·W·布鲁纳纪念奖。

尚普兰入境口岸

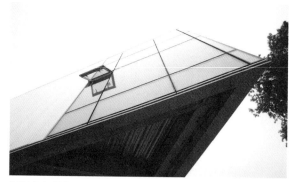

泽里嘉大道紧急医疗服务站

俄亥俄州立大学兽医院的扩建与翻修项目

≫ 斯诺赫塔建筑事务所（SNØHETTA）

斯诺赫塔建筑事务所位于纽约的办公室正在召开设计研讨会

斯诺赫塔建筑事务所十分重视人际交互。无论是天然环境还是人造环境，事务所的一切工作都强调提高场所意识，身份意识，以及人们居住的物理空间与人之间的关系意识。他们设计的艺术博物馆、驯鹿观察台以及玩具屋也都是从这样的思考出发，来展开设计的。事务所热烈追求建筑与景观的本质，从不盲目地跟随潮流。

二十多年来，斯诺赫塔建筑事务所设计了一些世界上最著名的公共和文化项目。1989年在埃及亚历山大新图书馆的设计竞赛中摘得桂冠之后，事务所正式开始了它的职业生涯。随后，事务所又设计了位于奥斯陆的挪威国家歌剧和芭蕾舞剧院以及位于纽约世界贸易中心的"9·11"国家纪念博物馆展示馆。自成立以来，事务所一直保持其原有的跨学科方法，将建筑、景观和室内设计整合到所有的项目当中。

斯诺赫塔建筑事务所目前正在开展一些市政与文化项目，具体包括扩建位于加尼福尼亚州的旧金山现代艺术博物馆；位于沙特阿拉伯的阿卜杜勒阿齐兹国王世界文化中心；位于加拿大安大略省金斯顿市皇后大学的伊莎贝尔·巴德表演艺术中心；以及位于纽约市的法·洛克威公共图书馆、威彻斯特公共图书分馆和时代广场的重建。

在所获得的众多认可当中，斯诺赫塔建筑事务所凭借亚历山大图书馆以及挪威国家歌剧和芭蕾舞剧院项目获得了世界建筑奖，此外又凭借亚历山大图书馆获得了阿贾·卡恩奖。自2008年挪威国家歌剧和芭蕾舞剧院完工以来，它还获得了欧盟大奖——密斯·凡·德罗当代建筑奖，环境设计研究学会伟大空间奖，欧洲城市公共空间奖，国际建筑奖和2010年获颁的全球可持续建筑奖。

挪威国家歌剧和芭蕾舞剧院，位于挪威首都奥斯陆

≫ 斯坦泰克建筑事务所（STANTEC）

斯坦泰克建筑事务所主导以及参与设计了纽约市许多的城市公园、广场、街道景观和交通运输走廊的改造项目，通过把居民聚集到提升后的公共空间来营造社区。作为纽约人，事务所的设计师们对于这个城市的了解决定了事务所的愿景，那就是在他们所经手的每个项目中，都融入技术专长与创造力。

斯坦泰克建筑事务所特别为其在曼哈顿西区的建设当中所取得的成就而感到自豪，它主导了西区充满活力的标志性林荫大道和自行车道的设计，使街道真正地成为一个完整的地标，满足了城市居民对于积极生活、行人优先规则和海滨通道的热情与需求。事务所的其他一些成就还包括布鲁克林植物园中历史悠久的日本山和池塘花园的重建，中央公园大草坪、位于市中心的哥伦布转盘广场以及非常受欢迎的先锋广场和格雷利广场的重建。

事务所拥有经验丰富的跨学科实践方法，在洋基高地公园发展项目的设计与管理服务当中，设计师们所掌握的一系列技能得到了充分的发挥，这个项目包含了一个占地面积 13 英亩，在过去的洋基体育场的基础上改建而成的社区娱乐场所，这是一个获奖作品。在设计洋基高地公园的过程中，斯坦泰克建筑事务所积极寻求与客户和社区的共同协作，因此最终的设计成果大大地丰富了布朗克斯区成千上万居民的日常生活，提升了他们的幸福感。

自 1954 年以来，斯坦泰克建筑事务所通过团队合作、创造性思维和细致的分析，专注于平衡与整合工程、景观建筑和建筑实践。事务所是一家全球公认的顶级建筑设计事务所，已经深深扎根于纽约。它在城市的人造自然化海滨、充满活力的街道与建筑、基础设施建设与维护以及能够聚集当地居民的公共空间营造等领域有着丰富的经验。斯坦泰克建筑事务所所做的一切都是为了提升建成环境与社区，以此来营造纽约的城市形象。

哥伦布转盘广场，位于纽约市中心

曼哈顿西区自行车专用道路和人行道

» 史蒂芬·亚布隆建筑师事务所（STEPHEN YABLON ARCHITECT）

史蒂芬·亚布隆建筑师事务所致力于打造能够促使组织、社区和个人获得蓬勃发展的变革性建筑。其采用的方法聚焦于设计，使之能构建当代文化与客户所处的社区、身份和地点之间联系。事务所专注于创造社交互动性强的空间，并以充满诗意的、开放性的、光线充足的建筑作品而闻名，这些建筑都经过精心打造，与环境互相呼应。

史蒂芬·亚布隆建筑师事务所主导的项目主要包括一些机构与商业建筑，它所面向的客户群体非常广泛，包括纽约市政府、哥伦比亚大学、纽约城市大学、纽约市计划生育联合会、联合国国际学校、索尼公司和一些私人住宅项目。该事务所最著名的一些设计成果有助于创造可持续性更强、更加健康的社区环境。

史蒂芬·亚布隆建筑师事务所曾两次被选中参与纽约市设计与建造卓越计划项目，他们为该项目设计的建筑受到了国际认可。事务所凭借其优秀的设计获得了无数奖项，作品屡次被出版物刊登并展出，设计师也常常受邀演讲，在世界上有着极高的知名度。事务所为纽约市房屋局设计的贝坦西斯社区中心共荣获了六个国际和当地的设计奖项，并于各地展出，其中包括2013年由美国建筑师协会纽约分会举办的"健康国家"展。史蒂芬·亚布隆建筑师事务所赢得了波士顿港岛国家公园游客馆国际设计大赛中的特等奖，他们为了创造更具自我修复能力的沿海岛屿社区而采用的具有创新性的设计方法还曾被纽约现代艺术博物馆 PS1 馆举办的洛克威公共艺术节创意征集活动选为获奖创意。在《室内设计》杂志和美国建筑师协会纽约分会所举办的展览以及出版物《纽约：未来的面孔》（《New York Next: Faces of the Future》）当中，该事务所一直被定位为是一家重要的新兴设计公司。

位于纽约市布朗克斯区的贝坦西斯社区中心

位于南卡罗莱纳州苏利文岛的会客亭

史蒂芬·亚布隆

》史蒂芬·霍尔建筑师事务所（STEVEN HOLL ARCHITECTS）

史蒂芬·霍尔建筑师事务所是一家40人规模大小的创新型建筑与城市设计工作室，它在纽约和北京都设有办公地点，两地以同一个工作室的名义在全球范围内进行设计工作。史蒂芬·霍尔和资深合伙人克里斯·麦克沃伊（Chris McVoy）以及初级合伙人诺亚·亚夫（Noah Yaffe）一起，领导着事务所的日常工作运转。史蒂芬·霍尔建筑师事务所在国际上享有盛誉，因为其优秀的设计而多次获得建筑界的大奖，作品也被多次出版并展览。事务所已在国内外完成多项建筑设计作品，在校园与教育机构、艺术（包括博物馆、美术馆和展陈设计）和居民住宅等类别的建筑设计项目上有着丰富的经验。事务所的设计服务领域还包括零售商店设计、办公空间设计、公共设施设计和总体规划设计。

在每个项目中，史蒂芬·霍尔建筑师事务所都在探索新的方法，将建筑的程序和功能本质整合到组织理念当中。与不考虑建筑所处的地理环境和气候环境而单一地采用某种固定风格的做法不同，事务所将建筑的独特性和其所处的环境作为设计考虑的出发点。他们认为，在一个房间内，空间的整体氛围，通过玻璃照射进来的阳光、墙面和地板材料的颜色呈现和反射效果等所有这些元素之间存在着一个整体关系。因此，在将每件作品置于特定地点和环境当中的同时，事务所努力通过在时间、空间、光线和材料等方面的经验来获得更为深入和细致的设计出发点。根据这种方法，史蒂芬·霍尔建筑师事务所依靠他们对建筑所处环境的敏感度来塑造空间和光线，利用每个项目的独特性去创造概念，用概念来驱动设计。这种方法和能力以及他们所获得的各种最具声望的建筑类奖项使他们获得了外界的广泛认可。

史蒂芬·霍尔拥有哥伦比亚大学的终身教职，自1981年以来，他就在该校任教。从2012年被授予美国建筑师协会金质奖章到被任命为英国皇家建筑师协会的荣誉会员，他收获了许许多多的荣誉和奖项。

史蒂芬·霍尔建筑师事务所的工作室

史蒂芬·霍尔

克里斯·麦克沃伊

》托马斯·巴尔斯利联合公司 (THOMAS BALSLEY ASSOCIATES)

托马斯·巴尔斯利联合公司是一家屡获大奖的建筑设计公司，它面向美国及全世界提供景观建筑、场地规划和室内设计服务。该公司拥有 35 年的从业经验，主导了一系列各种规模和类型的建筑设计项目，从总体规划项目到小城市空间设计项目，从可行性规划研究到完善的公共机构、学术机构、文化景观、公园和海滨设计项目，都是托马斯·巴尔斯利联合公司35 年来的工作成果。

该公司在项目中采用了一种令人耳目一新的设计与规划方法，为它赢得了良好的国际声誉。通过这种方法，场地状况、利益相关者的投入、预算和时间安排都体现出了创意和创新性。

该公司的大部分工作都需要与美国最好的建筑师和设计师进行合作。它始终坚信，优秀的城市景观设计师的身份定义远远不是传统观念中仅仅将景观建筑师定位为设计师或者是技术人员那样简单，他们所扮演的角色应该更加多元化。在这种观念的驱动下，托马斯·巴尔斯利联合公司取得了一系列令人印象深刻的优秀项目成果。

仅在纽约市，托马斯·巴尔斯利联合公司就设计了 100 多个公共空间，这其中有包括国会广场、河滨公园南面景观、切尔西滨水公园、佩吉·洛克菲勒广场以及龙门广场州立公园在内的诸多获奖项目。意想不到的是，出于对托马斯·巴尔斯利先生为纽约市公共领域所做贡献的表彰和认可，人们将他在第 57 街上设

河滨公园南面

计的一座公园命名为巴尔斯利公园。

每年，公司都会收到各种专业组织和社会组织颁发的奖项和褒扬，这些奖项为公司带来了国际上的认可。这些组织包括美国景观设计师协会、美国建筑师协会、环境设计研究协会、城市设计研究所和滨水中心。托马斯·巴尔斯利联合公司的设计作品会定期亮相于国内外的出版物和媒体上。空间制造出版社曾为托马斯·巴尔斯利联合公司的作品做过一期名为《托马斯·巴尔斯利：城市景观》(《Thomas Balsley：The Urban Landscape》) 的专题报道。

托马斯·菲佛合作事务所 (THOMAS PHIFER AND PARTNERS)

托马斯·菲佛合作事务所的办公室

托马斯·菲佛合作事务所主张从人文主义的角度去接近现代主义，利用建立在协作与跨学科基础上的高度开放的团体精神，把建成环境和自然世界联系起来。

托马斯·菲佛合作事务所的建筑作品多次获得由美国建筑师协会颁发的奖项，其中包括七个国家荣誉奖和十二个纽约荣誉项。2011年，北卡罗来纳艺术博物馆赢得了由美国设计师协会授予的国家荣誉奖；2010年，雷蒙德和苏珊Brochstein亭也获得了该奖项；2009年，在纽约城市灯具国际竞赛中的获奖设计作品同时也获得了《建筑师杂志》颁发的研究与开发奖；2008年，事务所设计的纽约盐点海市蜃楼屋获得了由芝加哥雅典娜博物馆颁发的美国建筑奖。他们的项目成果在美国及世界各地被广泛出版和展出。

2004年，托马斯·菲佛获得了由美国建筑师协会纽约分会颁发的最高荣誉奖章；1995年，他获得了罗马美国学会颁发的著名的罗马奖章；2011年，他入选为国家设计学院院士；2013年，他获得了由美国艺术与文学学会颁发的建筑艺术与文学奖。他是美国建筑师协会的会员，同时又服务于总务管理局。托马斯·菲佛于1975年在克莱姆森大学获得建筑学学士学位，又于1977年在该校获得建筑学硕士学位。

视觉交互办公室 (OVI OFFICE)

视觉交互办公室（OVI）创造了一些世界上最具创意的照明设计，为那些卓越的建筑作品增光添彩。视觉交互办公室开创了独特的照明设计解决方案，这种方案是建筑设计语言的一种综合自然的延伸，而不仅仅只是"应用"。该办公室的照明设计会根据每个建筑的独特性对其量身定制，并完善和优化各个项目对于先进技术的使用。而对可持续的注重，是该办公室的工作方法和照明逻辑中的重要组成部分，他们强调优化设计机会，创造出能够自主调节，内在节能的智能创新产品，而不是仅仅只提供节能灯具和光源。

从当代经典建筑和历史性建筑到最为先锋前卫的建筑，视觉交互办公室为这些建筑所设计的照明作品获得了许多极负盛名的奖项，在全球范围内广受认可。

➤➤ URS 公司

弗雷德里克·道格拉斯环形路口鸟瞰图

URS 公司是一家为世界各地的公共机构和私人企业提供先进的工程、建筑和技术服务的前沿公司。公司为客户提供全方位的技术支持与服务，具体内容包括：项目管理、规划、设计与工程、系统工程和技术援助、建设和施工管理、运营和维护、拆除和歇业服务。作为一个完全一体化的组织，该公司有能力为项目的整个生命周期提供支持。

URS 公司致力于参与那些能提高经济、环境和社会效益的商业实践和运营项目。在为纽约市及国家机构提供工程和施工管理的服务方面，公司有着悠久而成功的历史。自 1996 年成立以来，公司一直在为纽约市设计与建造局工作，公司努力想要振兴城市的街景和广场，其主导和参与的设计项目主要包括：肉库区的第九大道/甘斯沃尔特地区改造项目、纽约中央火车站潘兴广场西侧的设计改造项目、唐人街的福赛斯街广场改造项目以及位于哈雷姆区的哈丽特·塔布曼纪念碑设计项目。

在纽约地区，URS 公司提供设计、建造和扩建现代化交通与水资源基础设施所需要的所有服务，也提供诸如学校、法院或其他公共建筑等各种类型建筑设施所需要的服务。该公司在基础设施领域的专长包括高速公路、桥梁和隧道、机场、铁路交通系统、港口、水资源供应、储存和分配系统，废水处理系统以及安保设施。

美国著名废奴主义者哈丽特·塔布曼（Harriet Tubman）的纪念雕像

≫ W 建筑与景观设计事务所（W）

W 建筑与景观设计事务所是一家由女性主导的跨学科事务所，它依据建筑和景观建筑之间的联系，构建能够同时体现自然和城市特征的空间。事务所的负责人芭芭拉·威尔克斯（Barbara Wilks）承诺事务所必须积极参与到其承接的各种规模的项目中，给出高质量的设计，并以此作为宗旨，来组织事务所的各项工作。芭芭拉拥有超过 35 年的从业经验，她认为要想有效地带领一个复杂的项目，必须要同时具备远见卓识，相互协作的优秀团队和高效的沟通方式，并坚持不懈地为项目目标和顾客期望寻找实现方案。事务所的 15 名工作人员以灵活的工作室模式被组织在一起，与他们一起工作的还包括经验丰富的项目经理、城市设计师、景观建筑

大雾升腾时的西哈雷姆码头公园景观

西哈雷姆码头公园的外部景观

师以及美国绿色建筑认证专家，他们会参与到每个项目进程当中直至其顺利完工。

W 建筑与景观设计事务所与其团队密切合作，他们在设计目标上达成了一个共识，即真正令人愉悦的设计必须把强大的概念创意和环境问题结合起来考虑。当一个项目的客户对于建筑所处环境和基础设施条件过于敏感时，就会产生诸多不同意见，在这个时候，项目就会变得十分复杂。对于如何利用建筑场所的现有条件这一问题，W 建筑与景观设计事务所拥有他们自己的创造性想法，那就是把能利用的元素进行价值最大化处理，把限制因素转换为机会，从而扩大项目的可能性。对于场地的历史和形成过程的研究，以及对于机会和限制条件的分析，都能够促使他们更好地得出与经济、制度、可持续性和设计相协调的创造性的解决方案。事务所一直致力于通过全力彻底地协作来打破传统设计的边界，将专家团队进行力量整合来打造符合项目需求的设计解决方案，艺术家、灯光设计师、生态学家、工程师和经济学家都有可能是这个专家团队中的成员。

W 建筑与景观设计事务所的作品力求吸引参观者。自然景观和人造建筑的融合使区域规划、城市基础设施、公共空间、私人建筑物和景观之间的过渡更加自然。从私人住宅、学校校园到整个城市社区，都在事务所的服务范围之内。事务所自成立至今已有十年，在这十年间，其作品在景观建筑、城市和区域设计等领域获得过全国顶尖的设计大奖，并且被世界各地的出版物所报道。

WORK 建筑公司（WORKac）

WORK 建筑公司是一家以纽约为主要工作地点的建筑设计公司，共有员工 40 人。公司擅长以实用主义的视野，通过建筑和城市规划项目来解决文化和环境问题，这一点也让公司获得了知名度。WORK 建筑公司成立于 2003 年，公司负责人是丹·伍德（Dan Wood）和阿美尔·安德拉奥斯（Amale Andraos），他们的项目成果重塑了城市与自然、未来的工作与生活、旧有的历史建筑与介入其中的新的建筑元素之间的关系，在国际上享有很高的声誉。在具体工作中，从初始概念到施工细节，每个项目公司都要经过研究和测试，直到产生符合项目特定要求的解决方案。

丹·伍德（Dan Wood）（左）和阿美尔·安德拉奥斯（Amale Andraos）（右）

公司近期的项目包括在位于圣彼得堡历史悠久的纽荷兰岛上设计的一个新的文化中心；休斯顿大学布莱弗艺术博物馆（Blaffer Art Museum）的扩建项目；为皇后区的秋园小丘设计的图书分馆；以及与厨师爱丽丝·沃特斯（Alice Waters）共同设计的纽约第一所可食用校园（Edible Schoolyard New York City）。公司在针对深圳最繁华的购物街——华强北路进行再设计的国际比赛中荣获了第一名。最近，在设计华盛顿纪念碑和华盛顿市西尔万剧院的比赛中，该公司也入围了决赛。公司团队目前正在加蓬的利伯维尔设计一个新的会议中心，2014 年非洲联盟首脑会议在此举行，该建筑也获得了 LEED 金级认证。

2010 年，WORK 建筑公司获得了纽约市公共设计委员会奖，并获得车尔尼科夫建筑奖提

WORK 建筑公司的办公室

名。2009 年，WORK 建筑公司获得美国国家设计奖的入围奖，并应邀前往白宫领奖。2008 年，该公司入选建筑联盟新兴之声系列，并被 Icon 杂志评选为世界最具影响力的 25 家新兴建筑设计公司之一。WORK 建筑公司四次获得由美国建筑师协会颁发的优异奖，并且因为其对历史建筑修复所作出的卓越贡献，而获得了由纽约市政艺术协会颁发的杰作奖。

WXY 建筑与城市设计事务所（WXY ARCHITECTURE AND URBAN DESIGN）

WXY 建筑与城市设计事务所是一家多学科融合的建筑设计事务所，它采用工作室模式，专注于探索公共空间、建筑和城市设计的创新方法。事务所专注于社区和城市设计，灵活运用新兴技术和绿色设计理念，擅长应对复杂的城市、教育和市政建筑以及公园与滨水地区开发等领域的项目以及从家具设计到城市总体规划的其他项目。

克莱尔·薇兹（Claire Weisz）是这家以纽约为主要工作地点的事务所的创始人，与马克·约恩斯（Mark Yoes）、拉昂·皮尤（Layng Pew）、亚当·鲁宾斯基（Adam Lubinsky）等合伙人共同打理事务所。WXY 建筑与城市设计事

新津大桥

法·洛克威凉亭

务所通常会在整个设计过程中带入客户和利益相关者，让他们参与其中，共同协调和解决复杂的设计问题，尤其值得注意的是，在这种情况下得到的设计解决方案在尊重客户尊严与顾及舒适度的同时，还能通过各种细节来营造客户与建筑间的亲密感。

事务所具备的全面能力体现在了一系列的规划、咨询与设计挑战项目中，其中许多项目都是合乎公众利益的。事务所的工作范围所涵盖的领域十分广泛，从建筑和工业设计，到大规模的城市滨水区域规划，再到学校配置策略和可再生能源基础设施咨询服务，都包含其中。

事务所的作品曾被主流设计媒体广泛地报道，并在位于柏林的德国建筑中心和纽约建筑中心展出。自 1993 年获得青年建筑师奖以来，事务所赢得了无数来自美国建筑师协会和美国景观设计师协会的奖项，并被克莱斯勒/《美丽家居》杂志（Chrysler/《House Beautiful》）誉为 2006 年的设计创新者，事务所先后于 2006 年和 2009 年分别荣获纽约建筑联盟颁发的"纽约设计"大奖，最近所获的荣誉包括 2011 年被授予的"新兴之声"称号。

极具影响力的建筑写作家、学者迈克尔·J·克罗斯比博士在其新近所著的《New York Dozen》一书中，将 WXY 建筑与城市设计事务所称作是"纽约现存最著名的建筑设计事务所，新生代建筑设计从业者"。该事务所获得了女性企业认证。

赞助商

Tectonic 构造工程测量咨询公司（TECTONIC ENGINEERING & SURVEYING CONSULTANTS P.C.）

Tectonic 构造工程测量咨询公司成立于 1986 年，现已成为纽约市领先的私有工程公司之一。该公司提供岩土、环境、结构和土木工程、土地测量、施工管理、施工检验、专项检测和材料检测服务，业务领域涵盖了交通运输、土地规划、水力资源、无线电通信 / 能源等主要市场。公司提供设计和施工支持服务，不论项目规模、范围和复杂程度，都能够帮助客户在大的目标范围内取得成功。

公司总部坐落在纽约的芒廷维尔，哈德逊河谷区域的中心位置，在纽约的纽堡和莱瑟姆设有分办公室，公司另外还在纽约的长岛、康涅狄格州的洛基希尔、新泽西州的萨德尔布鲁克、弗吉尼亚州的里士满、亚利桑那州的坦佩、新墨西哥州的阿尔伯克基以及佛罗里达州的博卡拉顿设有区域办公室。

Tectonic 构造工程测量咨询公司是为数不多的在长岛和纽堡都设有最先进的材料测试实验室的专业工程公司之一，这两个实验室按照纽约市楼宇局的要求由国际认证机构（IAS）进行了特别检测和认证，并获得了纽约市楼宇局的授权，它们同时还是经美国国家公路和交通运输协会（AASHTO）官方认可的用于对聚合热拌沥青混凝土、土壤、骨料、喷涂防火材料、波特兰水泥混凝土和砖砌石等材料进行质量检测的实验室。公司参与了水泥和混凝土参考实验室（CCRL）的样本和现场勘查项目。公司位于长岛的实验室还是美国国家民办实验室认证计划（NVLAP）的下属成员。

公司由 483 名专业人士组成，按照学科领域来划分，有 60 名专业工程师，200 多名施工检查员，他们通过了美国国家工程技术认证协会（NICET）从第一级到第四级的认证、美国混凝土学会（ACI）的认证、国际规范委员会（ICC）以及美国焊接工程协会（AWS）的认证。

该公司在基础设施、机构、工业、商业和住宅建筑领域拥有丰富的知识和经验。为确保每一个项目的顺利进行，公司会提供最有才华、最专注、最具有成本意识的工作人员来参与项目。

在交付服务的整个过程当中，Tectonic 构造工程测量咨询公司注重强调价值、技术可行性、可构建性、时效性和安全性。

当公司在执行一个项目时，通常会让利益相关者参与到整个项目进程中来，从最初的规划阶段到执行阶段直到最后完工，与客户不断进行积极的沟通，努力为顾客提供满足甚至超越其期望的结果。

Tectonic 构造工程测量咨询公司通过积极调拨自身资源的方式来担负起减少项目风险和成本的责任，同时努力提高响应水平，使客户对公司的能力更加充满信心。

≫ 蒂什曼建筑公司（TISHMAN CONSTRUCTION，AN AECOM COMPANY）

蒂什曼建筑公司，是美国艾奕康集团旗下的子公司。该公司为不同规模、不同预算、不同进度和复杂程度的项目提供建筑及建造相关服务。蒂什曼建筑公司以成功地管理了诸多标志性项目而闻名，迄今为止，由它负责施工的建筑空间面积已超过 4.5 亿平方英尺，这其中包含各种规模和类型的建筑设施，涵盖了艺术文化、商业、会议中心、教育、游戏、政府、医疗、酒店、住宅、零售、体育和休闲、科技与交通等领域。

蒂什曼建筑公司一百多年来成就颇丰，这些成就是建立在公司与客户和专业设计师之间的长期关系之上的。公司非常重视这些关系，并把他们认为是公司成功的基石。公司的目标是通过成为整个项目团队的关键一环，去解决建筑项目内在的复杂问题，帮助每个客户实现他们的愿景。

公司目前正在负责管理纽约市 1776 英尺高的世贸中心一号大楼建设项目、公共安全应急中心（PSAC）二期项目、贾维茨会议中心扩建和翻修工程、位于华盛顿的美国国土安全部新的总部大楼建设项目，以及位于加利福尼亚的阿纳海姆高速列车区域交通联运中心项目。想要获取更多与公司相关的信息，请登录 www.tishmanconstruction.com。

维德林格尔联营公司（WEIDLINGER ASSOCIATES，INC.）

维德林格尔联营公司是一家著名的结构工程公司，在建筑、桥梁、基础设施、应用科学、安全及调查研究等方面为客户提供专业的服务。公司在美国有七个办公室，在英国也设有一个办公室，目前公司员工数量多于 300 人。维德林格尔联营公司于 2009 年举办了成立六十周年盛典，自 1949 年公司成立以来，凭借着在它经手过的几百个项目当中所表现出来的卓越的技术、创新的设计以及科研成就，公司获得了无数奖项。美国建筑师协会为它颁发了荣誉奖，以表彰其"三十年来一直处于建筑结构设计的最前沿"。

维德林格尔联营公司为公共机构、私人开发商、企业和承包商做过不同类型与规模的建筑及结构设计。该公司率先开展高楼层，大跨径，张拉整体结构的经济型建筑设计，并对建筑做地震和爆破分析及保护。公司的创新始终与成本效益和可构建性息息相关。

公司的结构和土木工程师最擅长桥梁和基础设施建设，他们设计和修复了无以数计的桥梁、公路、运输和铁路设施、隧道以及滨水建筑。他们也参与项目规划和可行性研究，为项目做紧急测试和深度测试，开发建筑修复流程，对施工过程进行监督指导。这些员工通过不断研究和开发大跨度桥梁、预制分段混凝土桥梁、随挖随填隧道和软土隧道、城市高速公路和围堰的设计与施工方法，为公司的专业度提升添砖加瓦。

公司应用科技部的员工主要为美国的政府机构和私人产业做研究、开发和测试。他们在应用力学、应用数学、应用科学和计算方法等领域参与了许多项目，这些研究成果直接转化成了实际的设计方法和计算机软件开发。应用科技部的员工在各种类型的项目中与公司其他各个部门紧密合作，以确保项目整体的安全性。

维德林格尔联营公司所做的防灾减灾工作的目标是为了挽救生命，防止伤害，保护财产安全，保护环境。防灾减灾项目动用大量专家成员进行地震研究，风力工程研究，风险分析以及科技应用研究。与安全问题一样，防灾减灾工作是许多项目的一个不可或缺的重要组成部分，尤其是在那些拥有极端自然地理条件的区域。维德林格尔联营公司所做的跟防灾减灾相关的工作主要是调查实践，为设计、房地产、投资、法律和保险群体提供地震风险评估、现场勘察、故障分析以及风力工程服务。

>> 项目索引

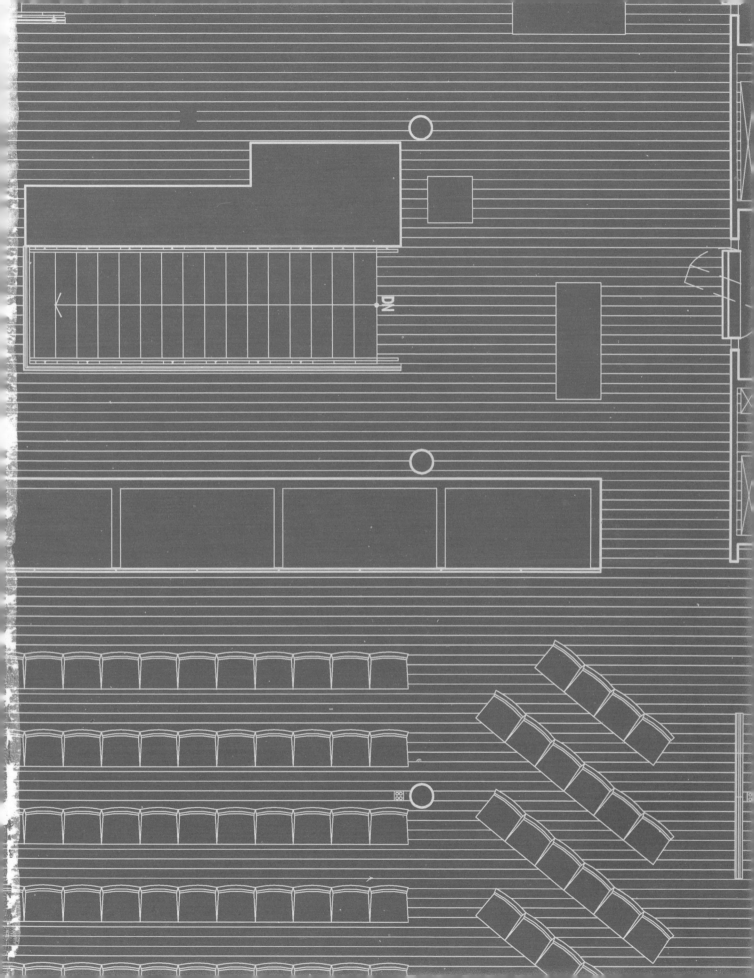

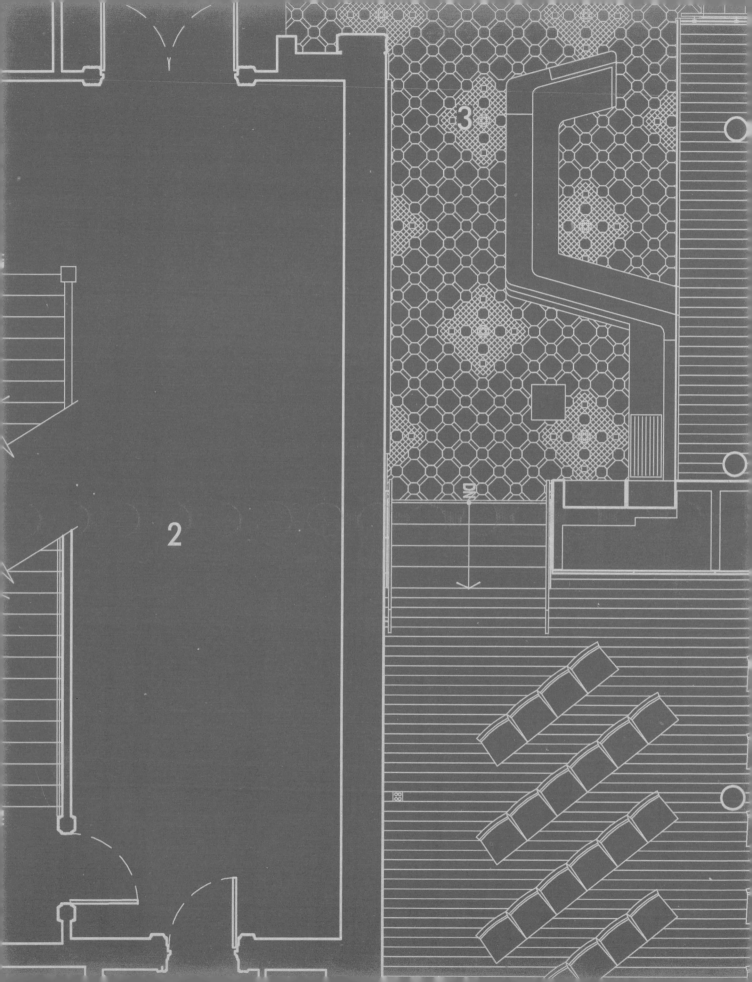